Mohammad Al-Mamun

Efeitos de ervas no metabolismo de nutrientes plasmáticos em ovelhas estressadas pelo calor

Mohammad Al-Mamun

Efeitos de ervas no metabolismo de nutrientes plasmáticos em ovelhas estressadas pelo calor

ScienciaScripts

Imprint

Any brand names and product names mentioned in this book are subject to trademark, brand or patent protection and are trademarks or registered trademarks of their respective holders. The use of brand names, product names, common names, trade names, product descriptions etc. even without a particular marking in this work is in no way to be construed to mean that such names may be regarded as unrestricted in respect of trademark and brand protection legislation and could thus be used by anyone.

Cover image: www.ingimage.com

This book is a translation from the original published under ISBN 978-3-659-31974-7.

Publisher:
Sciencia Scripts
is a trademark of
Dodo Books Indian Ocean Ltd. and OmniScriptum S.R.L publishing group

120 High Road, East Finchley, London, N2 9ED, United Kingdom
Str. Armeneasca 28/1, office 1, Chisinau MD-2012, Republic of Moldova, Europe
Printed at: see last page
ISBN: 978-620-7-68481-6

Conteúdo

Resumo:

A procura de pastos à base de plantas está a aumentar de dia para dia como alternativa aos antibióticos sintéticos. O objetivo do presente estudo foi conhecer os componentes bioactivos e as actividades de eliminação do radical anião superóxido (O_2 •‾) (SOSA) da erva de plátano (PL, *Plantago lanceolata* L.) e também descobrir o impacto da erva de PL no metabolismo dos nutrientes intermédios em ovinos expostos ao calor.

Foram investigadas as concentrações dos componentes bioactivos, acteosídeo, aucubina e catalpol, bem como o rendimento da produção, os teores de proteína bruta (PB) e de cinzas brutas, em 25 ecótipos (Et) de PL, encontrados no norte do Japão, e em cultivares comerciais, Grasslands Lancelot (GL) e Ceres Tonic (CT). A determinação quantitativa dos componentes bioactivos foi realizada por cromatografia líquida de alta eficiência (HPLC). Os teores de acteosídeo de algumas das 25 Et foram mais elevados ($P<0,05$) do que os da CT e numericamente mais elevados do que os da GL e de outras Et. A maioria dos Et tinha concentrações numericamente mais elevadas de catalpol e aucubina do que o GL e o CT. Os teores de proteína bruta e cinzas brutas dos Et foram comparáveis aos do GL e CT. O rendimento em MS de alguns dos Et foi numericamente superior ao das cultivares.

O SOSA extraído com água, MeOH a 80% e MeOH puro (tipo HPLC) da PL e de cinco pastagens foi avaliado para conhecer o método adequado para extrair os componentes que funcionam como SOSA. As amostras liofilizadas de SOSA foram determinadas pelo método de captura de spin utilizando um espetrómetro de ressonância de spin de electrões (ESR). Os SOSA da PL e das pastagens foram mais elevados ($P<0,05$) nos extractos aquosos do que nos extractos de 80% e de MeOH puro. Entre as espécies, a erva PL apresentou maior ($P<0,05$) SOSA em todos os extractos do que todas as pastagens. Os SOSA extraídos com água entre as pastagens foram os mais elevados ($P<0,05$) no trevo branco (WC, *Trifolium repens* L.).

O SOSA de amostras extraídas com água e MeOH de duas ervas, PL e dente-de-leão (DD, *Taraxacum officinale* Weber), e nove espécies de pastagem dominantes recolhidas nas terras baixas e nas terras altas foram determinadas utilizando o espetrómetro ESR para conhecer as variações altitudinais entre espécies. As ervas foram mais elevadas ($P<0,05$) em SOSA extraído de água e MeOH do que as pastagens, exceto para os extractos de água de uma pastagem, WC. O SOSA extraído com MeOH da maioria das pastagens foi maior ($P<0,05$) nas terras altas do que nas terras baixas. É evidente que o tipo e a quantidade de antioxidantes diferem entre as ervas e as pastagens.

O modelo da $[^2 H_5]$fenilalanina foi comparado com o método da $[1-^{13} C]$leucina, a fim de selecionar a técnica viável para determinar a síntese e a degradação de proteínas no corpo inteiro (WBPS) em ovinos alimentados com dois níveis de ingestão alimentar. As diluições isotópicas foram efectuadas simultaneamente como infusão contínua de $[^2 H_5]$fenilalanina, $[^2 H_2]$tirosina e $[1-^{13} C]$leucina em cada tratamento dietético. O WBPS e o WBPD calculados a partir do modelo da $[^2 H_5]$fenilalanina foram inferiores ($P=0,009$ e $P=0,003$, respetivamente) aos calculados a partir do método da $[1-^{13} C]$leucina. O WBPS tendeu a ser mais elevado

(P=0,08) e o WBPD foi numericamente mais elevado (P=0,33) para a dieta H do que para a dieta M no modelo [^{2} H5]fenilalanina, enquanto o WBPS foi numericamente mais elevado (P=0,37) para a dieta H e o WBPS permaneceu semelhante (P=0,79) entre as dietas no método [1-^{13} C]leucina. No entanto, os valores absolutos e as direcções do WBPS e do WBPD da dieta M para a dieta H foram comparáveis entre o modelo [^{2} H5]fenilalanina e o método [1-^{13} C]leucina.

Dois métodos de diluição isotópica utilizando o isótopo [6, 6-^{2} H]glucose e [1-^{13} C]leucina, e um teste de balanço de azoto (NB) foram realizados simultaneamente para determinar os efeitos do PL no metabolismo da glucose plasmática e no WBPS e WBPD em ovinos. As ovelhas foram alimentadas com feno misto (dieta MH) de OR e RC na proporção de 60:40 ou dieta MH e PL na proporção de 9:1 (dieta PL) num desenho cruzado. As ovelhas foram expostas de um ambiente termoneutro (TN, 20° C, 70% RH) a um ambiente quente (HE, 28-30° C, 70% RH) durante 5 dias. Os métodos de diluição isotópica utilizando uma injeção única de [6, 6-^{2} H]glucose e uma infusão contínua de [1-^{13} C]leucina foram efectuados no 4th dia em que o animal foi transferido para uma instalação com ambiente controlado em TN e no 5th dia em HE. O tamanho do pool de glicose no plasma foi numericamente menor (P=0,26) durante a exposição ao calor em ambos os tratamentos dietéticos, e numericamente menor (P=0,13) na dieta PL, independentemente das temperaturas ambientais. A concentração plasmática de NEFA (P=0,01) e a taxa de renovação da glucose (P=0,03) diminuíram durante a HE, mas permaneceram semelhantes entre as dietas. A ingestão de azoto (N) foi menor (P<0,0001) para a dieta PL do que para a dieta MH, mas o NB permaneceu semelhante entre as dietas e foi maior (P=0,003) durante a HE do que durante a TN. O WBPS foi numericamente mais baixo (P=0,10) para a dieta PL do que para a dieta MH. A direção da resposta ao calor diferiu (P=0,04) entre as dietas; o WBPS aumentou para a dieta PL, enquanto diminuiu para a dieta MH.

Foram realizados simultaneamente dois métodos de diluição isotópica utilizando [1-^{13} C]Na acetato e [U-^{13} C]glucose para determinar os efeitos da erva PL no metabolismo do ácido acético plasmático, bem como as respostas do metabolismo da glucose plasmática à infusão de insulina exógena em ovelhas alimentadas com dieta MH ou dieta PL (dieta MH e PL fresca na proporção de 1:1) e expostas de um TN a HE durante 5 dias, utilizando um desenho cruzado. As diluições de isótopos foram efectuadas no 4th dia em que o animal foi transferido para uma casa de ambiente controlado na TN e no 5th dia da HE. O pH ruminal foi menor (P=0,01) para a dieta PL do que para a dieta MH e permaneceu comparável entre os ambientes. A concentração ruminal de propionato, butirato e valerato foi maior (P=0007, P<0,0001 e P=0,0003, respetivamente) e o total de AGV foi numericamente maior (P=0,11) para a dieta PL do que para a dieta MS. Pelo contrário, a concentração de iso-butirato e de iso-valerato foi inferior (P=0,001 e P=0,006, respetivamente) na dieta PL do que na dieta MS, e a concentração de acetato manteve-se comparável entre as dietas. A taxa de renovação do acetato no plasma foi numericamente mais elevada (P=0,35) para a dieta PL do que para a dieta MH e durante a HE (P=0,44) do que a TN.

A concentração de glucose no plasma foi mais baixa (P=0,0009) durante a HE do que durante a TN, e a taxa de renovação foi numericamente mais elevada (P=0,12) para a dieta PL do que para a dieta MH. A utilização da glicose plasmática em resposta à infusão de insulina exógena foi menor (P=0,006) para a dieta PL do que para a dieta MH e permaneceu comparável entre ambientes, não tendo sido encontrada qualquer interação entre dieta e ambiente.

A partir dos presentes resultados, pode concluir-se que o Et de PL encontrado no Norte do Japão pode ser considerado para o desenvolvimento de uma potencial cultivar com componentes bioactivos e SOSA mais elevados. Foi também provado, através de comparação e aplicação direta em duas experiências diferentes, que o método de diluição do isótopo $[1\text{-}^{13}C]$leucina pode ser aplicado para o estudo do WBPS sem determinar a produção de CO_2 em ovinos. O PL desempenhou um papel positivo no metabolismo da glucose e do acetato no plasma, bem como no WBPS e no WBPD em ovinos. A PL foi considerada resistente ao stress térmico e à hormona insulina. A PL, uma erva potencialmente promissora, poderia ser uma melhor alternativa aos antibióticos promotores de crescimento. Assim, os resultados mudariam o horizonte da investigação nutricional sem utilizar promotores de crescimento antibióticos, mas a erva PL na nova era e facilitaria aos produtores de gado assegurar a quantidade e a qualidade dos produtos para satisfazer a procura dos consumidores.

Introdução geral

A utilização de promotores de crescimento nos animais era uma prática comum há mais de três décadas (Wegener et al., 1999), mas os recentes desenvolvimentos legislativos na União Europeia e nos EUA, recomendados pela Organização Mundial de Saúde (OMS), deram passos no sentido de uma proibição generalizada dos aditivos para a alimentação animal destinados a promover o crescimento dos animais. Em particular, desde janeiro de 2006, a União Europeia tomou medidas no sentido de eliminar gradualmente a autorização de promotores de crescimento antimicrobianos. Em consequência, para manter a produtividade do gado, os cientistas, os fabricantes de alimentos para animais e os produtores de animais estão a concentrar-se na procura de promotores de crescimento naturais.

As forragens verdes grosseiras contêm micronutrientes que promovem a digestibilidade global dos alimentos e aumentam a disponibilidade de nutrientes para os animais hospedeiros. A escassez de forragens verdes é um grande obstáculo à produção pecuária de ruminantes em países tropicais como o Bangladesh, onde 87% da matéria seca disponível para a criação de ruminantes são resíduos de culturas (Al-Mamun et al., 2002). Com efeito, a maior parte das terras é utilizada para a produção de alimentos para consumo humano e o número de pastagens para o gado é limitado. Devido à escassez de forragem verde, devem ser exploradas fontes alternativas de alimentação verde, a fim de assegurar a enorme procura de carne e leite através de uma melhor produção animal.

Um ambiente quente conduz a ajustamentos fisiológicos nos ruminantes, tais como o aumento da temperatura corporal e o aumento do consumo de água (Magdub et al., 1982), a redução da ingestão de alimentos (Achmadi et al., 1993), a diminuição da taxa de renovação da glucose em todo o corpo (Sano et al., 1979; Sano et al., 1983), a modificação da função pré-natal e do desenvolvimento pré-natal e das secreções endócrinas (Bell et al., 1987; Bell et al., 1989). O stress térmico afecta a nutrição dos animais através da alteração das características dinâmicas da digestão (Bernabucci, 1999). A exposição ao calor reduz o peso à nascença dos ruminantes em condições naturais ou experimentais (Early et al., 1991) e influencia as concentrações de metabolitos no sangue e modifica as secreções endócrinas (Itoh et al., 2001). No entanto, num estudo anterior, foi afirmado que os antioxidantes fornecidos através de dietas melhoram a resposta ao choque térmico reduzindo a oxidação (Calabresse et al., 2003). Padilla et al. (2006) afirmaram que o stress térmico provoca stress oxidativo que reduz os níveis plasmáticos de vitamina C e a produção de leite, sugerindo que se garanta o fornecimento de vitamina C aos animais para reduzir os danos oxidativos durante o stress térmico. As ervas forrageiras naturais poderiam reduzir o stress térmico através da redução da oxidação interna. No entanto, há pouca informação publicada sobre o efeito das forragens naturais ou das ervas na redução do stress térmico em ruminantes.

A consciência dos efeitos destrutivos ou letais dos radicais livres para a saúde humana está a aumentar de dia para dia. Os radicais livres são produzidos fisiologicamente durante o metabolismo aeróbico celular (2-3% do oxigénio consumido por uma célula é convertido em radicais livres (Wickens, 2001). O plátano de folha estreita (PL, *Plantago lanceolata*) é uma das ervas perenes vulgarmente conhecida como erva-plana em alguns países, que pode ser dada como alimento a pequenos ruminantes. O plátano contém propriedades antibacterianas (Ishiguro et al., 1982), atividade inibidora de enzimas (Nishibe e Murai, 1995), atividade antioxidante (Wang et al., 1996; Zhou e Zheng, 1991), efeitos anti-inflamatórios (Marchesan et al., 1998; Murai et al., 1995). Contém também uma quantidade considerável de hidratos de carbono e proteínas. Além disso, sugere-se que a PL tem propriedades anti-helmínticas.

Por conseguinte, esperava-se que a erva forrageira plátano pudesse moderar o stress térmico nos ruminantes e melhorar o seu desempenho geral. No entanto, não existe informação disponível sobre as respostas digestivas e metabólicas e o metabolismo intermediário em ruminantes alimentados com a erva forrageira PL e expostos a um ambiente quente. Tendo em conta os pontos acima referidos, a proposta de investigação foi concebida para estudar o metabolismo dos nutrientes em ruminantes alimentados com erva forrageira PL e expostos ao calor, utilizando a técnica de diluição isotópica, que é o único método que permite determinar o metabolismo dos nutrientes em todo o organismo.

Capítulo 1

Componentes bioactivos e desempenho de produção dos ecótipos de plátano (*Plantago lanceolata* L.) no norte do Japão

Introdução

O plátano (PL, *Plantago lanceolata* L.) é uma erva perene de folha estreita da família das plantagináceas, vulgarmente conhecida como erva daninha em alguns países. O plátano é importante do ponto de vista da alimentação animal devido ao seu valor medicinal para os animais, melhorando as suas condições fisiológicas e diminuindo a necessidade de antibióticos promotores de crescimento (Deaker et al., 1994; Stewart, 1996; Rumball et al., 1997; Tamura e Nishibe, 2002; Sano et al., 2003). A banana-da-terra tem sido estudada consideravelmente no que respeita aos seus compostos químicos, tal como referido na introdução geral deste manuscrito.

Existem muitos ecótipos (Et) de PL na parte norte do Japão, mas até agora há pouca informação disponível, exceto alguns Et (Tamura, 2002), sobre o seu conteúdo de compostos bioactivos e desempenho de produção. Além disso, não existe informação disponível sobre a variação no que diz respeito aos componentes bioactivos entre os Et. Tendo em conta os pontos acima referidos, o presente estudo foi realizado para conhecer a variação dos teores de componentes bioactivos, acteosídeo, catalpol e aucubina, o rendimento de biomassa, a proteína bruta (PC) e os teores de cinzas brutas entre eles. Além disso, os Et foram também comparados para os parâmetros acima referidos com os das cultivares comerciais Grasslands Lancelot (GL) e Ceres Tonic (CT) de PL.

Materiais e métodos

Preparação do terreno

No início, o herbicida Samfuron foi pulverizado para matar quaisquer ervas indesejadas que permanecessem no campo. Após uma semana, o fertilizante (N_2: P_2O_5: K_2O.15:15:15) foi aplicado no campo à taxa de 33,3 kg/ha. Em seguida, a terra foi preparada com arado e gradagem. Depois disso, a terra total foi dividida em 3 grandes parcelas, 20m x 2m, ou seja, 40 m^2 cada. Mais uma vez, cada uma das grandes parcelas foi dividida em 27 pequenas parcelas, 2m x 0,7m, ou seja, 1,4 m^2 cada, utilizando fita métrica. No caso das parcelas grandes, a distância entre parcelas era de 1 metro, enquanto que no caso das parcelas pequenas, a distância entre parcelas era de 70 cm.

Semeadura de sementes

Sementes de duas cultivares, GL e CT, obtidas na Nova Zelândia (Pyne Gould Guinness Ltd.) e 25 Et, colhidas no norte do Japão, foram semeadas em 7 de maio de 2004 no campo experimental da Universidade de Iwate, Japão, e foram colhidas na segunda semana de julho de 2004. A parcela experimental está localizada a 141° 8 E de longitude e 39° 43 N de latitude. Durante a experiência, a temperatura do ar aumentou de 14,8° C para 23,2° C, enquanto a luz do sol continuou quase na mesma faixa de 160 h/mês

(Figura 1.1). A precipitação média por mês também aumentou de 94 mm durante a sementeira para 230 mm durante o período de colheita (Figura 1.2). O experimento foi realizado em delineamento inteiramente casualizado com 3 repetições. As sementes foram semeadas na proporção de 14 kg/ha para cada uma das cultivares e Et.

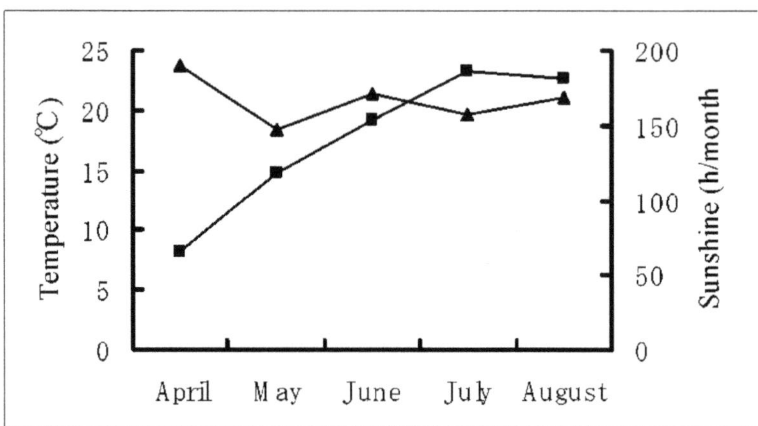

Figura 1.1. Temperatura média do ar° C (■) e horas de insolação (▲) por mês; As sementes das cultivares e ecótipos de plátano (*Plantago lanceolata* L.) foram semeadas no início de maio de 2004 e colhidas em meados de julho de 2004.

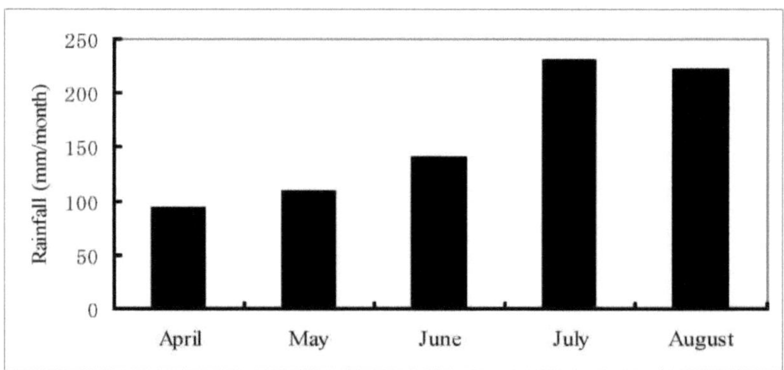

Figura 1.2. Precipitações (mm) por mês durante o experimento; As sementes das cultivares e ecótipos de plátano (*Plantago lanceolata* L.) foram semeadas no início de maio de 2004 e colhidas em meados de julho de 2004.

Altura da planta e rendimento da produção

A altura das plantas foi determinada e calculada através de uma fita métrica, aleatoriamente em 10 locais diferentes de cada parcela (Figura 1.3). Para conhecer o desempenho produtivo da PL foi colhida, na fase de

8

pré-floração, e pesada em 50% da área de cada parcela a 5 cm acima do nível do solo. A PL foi colocada num saco de plástico e pesada no local com uma balança portátil, de modo a minimizar a perda de peso devido à respiração.

Figura 1.3. Representação da parcela experimental, da operação intercultural e do plátano (*Plantago lanceolata* L.) na condição de medição.

Análise dos componentes bioactivos

Para determinar os componentes bioactivos com métodos HPLC (High Performance Liquid Chromatography, Figura 1.4), foram colhidas cerca de 50 g de folhas frescas, a 5 cm acima do nível do solo, num saco de polietileno de cada parcela e imediatamente levadas para o laboratório para serem mantidas no frigorífico, a fim de minimizar quaisquer alterações indesejadas dos componentes bioactivos por oxidação. Em seguida, as amostras foram secas num liofilizador a vácuo (FRD-50M, IWAKI Glass Co., Ltd.) e moídas até se tornarem pó fino com um almofariz e um pilão. Em seguida, 250 mg de amostra em pó foram dissolvidos em 25 ml de HPLC-MeOH puro (MeOH), para extração de acteosídeo, catalpol e aucubina (Tamura e Nishibe, 2002), e agitados à temperatura ambiente durante 1 hora utilizando um agitador elétrico automático (Iuchi, Almighty shaker AS-1).

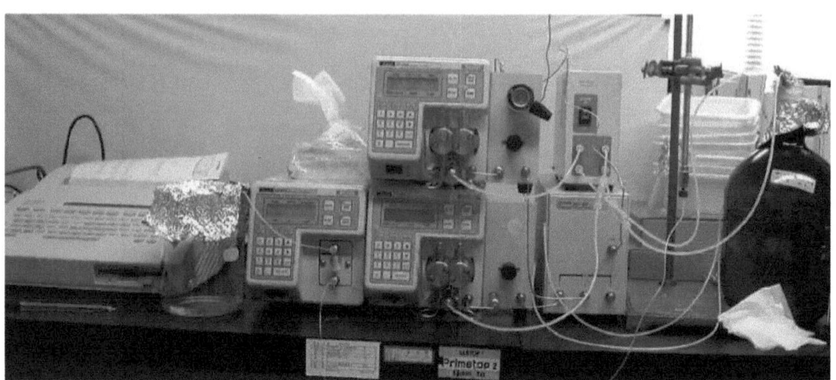

Figura 1.4. Os HPLC foram equipados com um sistema de distribuição de solventes, um desgaseificador e um processador de dados. Coluna (YMC -pack ODS-A, temp. 40° C, 250 x 4,6 mmI.D. (Partícula: S-5 μ m, 12 nm)). A fase móvel é acetonitrilo e água (2:98, v/v) para a aucubina e o catalpol e água-MeOH-ácido acético (14:6:1, v/v) para o acteósido.

O caudal foi de 0,8 ml/min para a aucubina e o catalpol, a deteção do conjunto de fotodíodos foi efectuada a 204 nm e para o acteósido a deteção foi efectuada a 330 nm.

Por fim, as amostras foram filtradas com papel de filtro quantitativo 5A. O filtrado foi utilizado para a determinação quantitativa de acteosídeo, catalpol e aucubina por HPLC. Para a determinação de acteosídeo, foram utilizados 10 μL de filtrado para análise por HPLC, enquanto que, para a determinação simultânea de catalpol e aucubina, 2 mL de filtrado foram diluídos para 10 mL com água destilada e, em seguida, 20 μL de filtrado diluído foram utilizados para HPLC (Harada, 1992, Kawamura et al., 1998; Noro et al., 1991). Catalpol e aucubina disponíveis no mercado (Funakoshi, Tóquio, Japão) e acteosídeo, que foi isolado de *Forsythia viridissima* Lindl. (Kitagawa et. al., 1984) foram utilizados como padrões. As soluções padrão continham 1 mg de acteosídeo em 5 mL de MeOH puro, enquanto que 1 mg de catalpol e aucubina em 25 mL de MeOH a 20 %. A estrutura química do acteósido, do catalpol e da aucubina é apresentada na Figura 1.5.

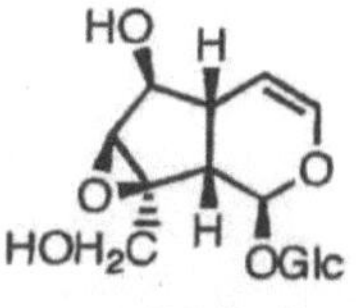

Catalpol

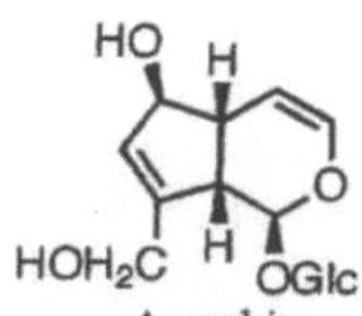

Aucubin

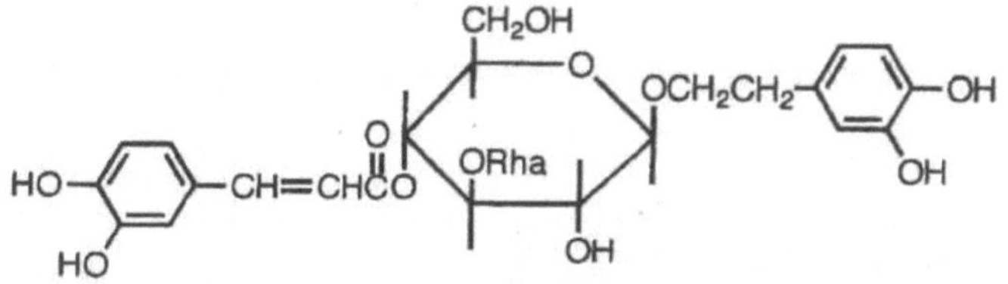

Acteoside

Figura 1.5. Estruturas do catalpol, da aucubina e do acteosídeo. Glc= glicosil; Rha= rahmnosil.

Os HPLC estavam equipados com um sistema de distribuição de solventes, uma bomba de preparação inteligente Jasco (PU-986, n.º de série C342360, Jasco Co. Ltd., Japão), um detetor de matriz de fotodíodos (modelo UV-975, Jasco Co. Ltd., Japão), um desgaseificador DGU-12A e um processador de dados (C-R8A Chromatopac Data Processor, SHIMADZU, América do Norte). As análises quantitativas foram efectuadas a 40° C, utilizando uma coluna YMC -pack ODS-A de 250 x 4,6 mmI.D. (Partícula: S-5 µm, 12 nm, n.º de série 042576061W, YMC Co., Ltd., Japão) protegida por uma coluna YMC-guard pack ODS-A (Tamanho: partícula de 10 x 4,0 mmI.D.: S-5 µm, 12 nm; n.º de série: 41077W, YMC Co., Ltd., Japão). A fase móvel foi uma solução de acetonitrilo e água (2:98, v/v) para os componentes iridóides, aucubina e catalpol, enquanto que para o componente feniletanóide, acteosídeo, a fase móvel consistiu em água-MeOH-ácido acético (14:6:1, v/v). O caudal foi de 0,8 ml/min. Para a aucubina e o catalpol, a deteção por arranjo de fotodíodos foi efectuada a 204 nm e para o acteósido a deteção foi efectuada a 330 nm (Harada, 1992, Ishiguro et al., 1982 e Kawamura et al., 1998).

Os picos nos cromatogramas para a aucubina e o catalpol foram observados cerca de 29,8 e 11,2 minutos, respetivamente, e para o acteósido os picos foram observados cerca de 15,2 minutos após a injeção das amostras. Os compostos foram isolados e as suas estruturas químicas foram determinadas a partir dos seus espectros atómicos utilizando a ressonância magnética nuclear (RMN)[1] H e a RMN[13] C e identificados por comparação com os espectros obtidos para os padrões de aucubina, catalpol e acteósido (Tamura e Nishibe, 2002).

As curvas padrão para acteosídeo, aucubina e catalpol foram preparadas (Tamura e Nishibe, 2002) usando concentrações que variam de 0 a 1000 µg/mL em etapas de 10 µg/mL (0-100 µg /mL) e 100 µg/mL (100-1000 µg/mL). As curvas de calibração das concentrações de componentes bioativos em relação às áreas de HPLC foram lineares de 50 a 800 µg/mL de solvente para acteosídeo e de 10 a 500 µg/mL de solvente para aucubina e catalpol.

Análise dos componentes proximais

Para determinar os componentes proximais, cerca de 300 g de folhas frescas foram retiradas aleatoriamente de 10 locais diferentes de cada parcela para um envelope de papel de tamanho A4 e foram secas em estufa a 60° C durante 72 horas. Após a secagem, as amostras foram pesadas para conhecer o conteúdo de matéria seca e depois mantidas na prateleira à temperatura ambiente durante uma semana. Em seguida, as amostras foram moídas com uma malha de 1 mm com a ajuda de um microtriturador elétrico. As amostras moídas foram utilizadas para as análises químicas dos teores de PC e de cinzas totais do PL. Os componentes proximais, a matéria seca (MS), o PC e as cinzas totais foram analisados de acordo com a AOAC (1990).

Análise estatística

A análise estatística foi efectuada de acordo com o desenho de blocos aleatórios, utilizando o procedimento de modelo linear geral do SAS, utilizando o desenho completamente aleatório com os testes de intervalo múltiplo de Duncan (SAS, 1994). O desvio padrão das médias foi calculado para todos os dados obtidos por HPLC e análise proximal.

Resultados e discussão

As partes aéreas de algumas espécies são utilizadas, principalmente como extractos polares ou folhas inteiras, na medicina popular e na fitoterapia, para uma vasta gama de doenças; estas incluem problemas relacionados com os órgãos digestivos e respiratórios, doenças cutâneas e infecciosas, alívio da dor e cancro (Samuelsen, 2000).

As folhas e sementes de algumas espécies de *Plantago*, incluindo a PL, são utilizadas em certos países como a França, a Itália e a África do Sul como parte da dieta, particularmente como ingredientes para saladas ou para papas infantis (Gàlvez et al., 2005). A PL não é apenas útil para uso humano, mas também importante do ponto de vista da alimentação animal devido ao seu valor medicinal para os animais, melhorando as suas condições fisiológicas e diminuindo a necessidade de antibióticos promotores de crescimento (Deaker et al., 1994, Stewart, 1996, Rumball et al., 1997 e Tamura e Nishibe, 2002).

Por conseguinte, a PL é uma erva natural adequada que poderia ser substituída por promotores de crescimento antimicrobianos. No entanto, os componentes bioactivos e as características de produção podem diferir em função das variações genéticas entre cultivares e Et, e dentro de Et. Assim, realizámos este estudo para investigar o impacto da genética entre cultivares e Et, da PL nos componentes bioactivos, no rendimento em MS e nos teores de PC e cinzas, e para selecionar a melhor Et que poderia ser utilizada para desenvolver uma potencial PL para o gado.

Componentes bioactivos

A determinação quantitativa de acteósido, aucubina e catalpol foi efectuada utilizando os métodos bem estabelecidos de HPLC, e a recuperação dos compostos foi superior a 99,3 % (Tamura e Nishibe, 2002). As curvas de calibração para cada um dos compostos foram lineares dentro da gama de concentrações da amostra.

O conteúdo de acteosídeo do Et variou de 0,4 a 1,8%, enquanto que nas cultivares, GL e CT; as concentrações foram de 1,06% e 0,3% respetivamente (Tabela 1.1). Tamura e Nishibe (2002) relataram que a concentração de acteosídeo no GL e no CT durante o verão foi de 2,5% e 1,9%, respetivamente, mas em outro relatório Tamura (2002) afirmou que o conteúdo de acteosídeo do ecótipo, GL e CT foi de 1,76, 1,54 e 0,98%, respetivamente, o que concordou com os resultados do Et, mas não com os das cultivares no presente estudo.

Tamura e Yoshida (2000) e Tamura (2002) encontraram uma variação genética significativa entre e dentro das cultivares de PL e Et no que diz respeito à acumulação destes compostos bioactivos, o que apoia as nossas conclusões actuais. A variação genética na concentração de componentes bioactivos na PL também foi encontrada no relatório anterior (Bowers e Stamp, 1993). Os presentes resultados mostram que, das 25 Et, algumas apresentaram valores mais elevados (P<0,05) de acteosídeo do que CT e numericamente mais elevados do que GL.

No entanto, a concentração de aucubina no Et variou entre 0,98 - 4,18%, enquanto no GL e CT as concentrações foram de 0,65% e 1,78, respetivamente (Quadro 1.1). Noutro estudo, foi referido que a concentração de aucubina na PL é de 0,27% (Jurisic et al., 2004), o que foi muito inferior aos presentes resultados. Os nossos resultados mostram que a maioria das Et tem uma concentração de aucubina numericamente mais elevada do que as cultivares, embora Tamura (2002) tenha encontrado uma variação significativa entre cultivares e Et.

Os nossos resultados também mostram que, das 25 ETA, algumas têm uma concentração de aucubina numericamente mais elevada do que outras. Os teores de aucubina nas ETA correspondem aos resultados de Tamura (2002), mas o GL foi inferior e o CT foi superior aos registados anteriormente (Tamura, 2002; Tamura e Nishibe, 2002).

O catalpol está ausente no CT, tal como anteriormente referido por Tamura (2002). No presente estudo, não foi encontrado qualquer nível detetável de catalpol na CT e também nas Et 16, 23, 24 e 25. Presume-se que estas 4 Et podem ser portadoras dos mesmos genótipos de CT. A concentração de catalpol, encontrada no presente estudo, foi de 0,004% no GL e nas Et até 0,212% (Tabela 1.1), que foram inferiores aos resultados de Tamura (2002). A variação nas concentrações de iridóides, aucubina e catalpol, com achados anteriores (Tamura, 2002; Tamura e Nishibe, 2002) pode ser devida à diferença de idade das folhas amostradas (Bowers e Stamp, 1992). No entanto, a nossa observação mostra que os teores de catalpol de algumas das Et foram numericamente mais elevados do que os das cultivares e outras Et.

Componentes aproximados

Tal como outras ervas medicinais, a PL contém componentes bioactivos, mas a determinação apenas dos componentes bioactivos não pode ser suficiente para a avaliação da potencialidade da Et como pasto para animais. Por conseguinte, determinámos também o rendimento em MS, o PC e os teores totais de cinzas, que reflectem a potencialidade pastoril da PL.

Rendimento de matéria seca

As cultivares de PL têm um desempenho produtivo que é comparável ao das pastagens tradicionais (Labreveus et al., 2004). Foi relatado que o rendimento da produção de primavera do GL foi 7350 kg DM/ha e a produtividade de verão do CT foi 3150 kg DM/ha (Labreveus et al., 2004). No presente estudo, o rendimento em MS do Et variou entre 2469 kg/h e 3871 kg/ha e do GL e CT, os rendimentos foram 3213 kg/ha e 3381kg/ha respetivamente (Tabela 1.1). Embora não significativo, o rendimento em MS de algumas das Et foi superior ao das cultivares.

Teores de proteína bruta

A banana-da-terra não é apenas uma fonte de componentes bioactivos, mas também uma boa fonte de proteínas e minerais (Sano et al., 2002). No entanto, os genótipos de PL diferiram significativamente nos teores de azoto (Bowers e Stamp, 1992), mas no presente estudo não foram encontradas variações significativas entre cultivares e Et, embora algumas das Et tenham uma tendência para teores de PC mais elevados do que as cultivares. Os teores de PB do Et foram de 13,8-17,6%, enquanto que no GL e CT os teores de PB foram de 13,6 e 15,8%, respetivamente, que foram mais elevados do que o valor relatado anteriormente (Sano et al., 2003).

Quadro 1.1 Componentes bioactivos, rendimento em matéria seca e teores de proteína bruta e cinzas brutas de cultivares e ecótipos de plátano (*Plantago lanceolata* L.)

Tanchagem (Localização)[*]	Acteosídeo (%)	Aucubina (%)	Catalpol (%)	Matéria seca MT/ha	Bruto proteína (%)	Cinzas brutas (%)	Planta altura (cm)
Et1 (A)	1.17[abcd]	3.85	0.047	3.6[ab]	16.4[abc]	13.4[ab]	46.9[abcd]
Et2 (A)	1.36[abc]	4.18	0.057	3.0[abc]	17.4 [abc]	12.1[b]	46.8[abcd]
Et3 (A)	1.31[abc]	2.13	0.042	3.4abc	14.4 abc	11.5[b]	43.7[bcd]
Et4 (A)	1.80[a]	3.46	0.048	3.2[abc]	16.6 [abc]	12.0[b]	44.8[abcd]
Et5 (A)	1.40[abc]	2.06	0.002	3.4abc	14.3 [bc]	12.5[b]	45.0abcd
Et6 (I)	1.28 abcd	0.98	0.049	3.4abc	14.7 abc	13.2[ab]	45.1abcd
Et7 (I)	1.07 abcd	2.65	0.121	3.1abc	15.6 abc	12.1[b]	40.5[d]
Et8 (A)	1.00abcd	2.42	0.111	3.4abc	16.2 abc	12.0[b]	42.9[bcd]
Et9 (A)	1.43[ab]	1.87	0.090	3.1[abc]	17.6 [ab]	12.2[b]	42.0[d]
Et10 (A)	0.58bcde	3.70	0.102	3.6[ab]	15.0 abc	13.1[ab]	45.6abcd
Et11 (A)	0.99 abcd	2.44	0.102	3.7[ab]	15.2 [abc]	14.0[ab]	45.7[abcd]
Et12 (A)	0.98 abcd	2.77	0.052	3.4abc	14.6 abc	12.4[b]	41.8[d]
Et13 (Ak)	1.34[abc]	2.72	0.048	3.8[ab]	15.0 [abc]	13.1[ab]	46.0[abcd]
Et14 (I)	1.33[abc]	3.28	0.049	3.7[ab]	15.0 abc	13.5[ab]	44.2abcd
Et15 (I)	0.88 abcde	2.84	0.008	3.4[abc]	15.4[abc]	13.4[ab]	43.2[bcd]
Et16 (I)	1.12 abcd	1.59	ND	3.3abc	14.3 abc	11.4[b]	452abcd

Et17 (I)	1.39^{abc}	2.16	0.062	2.9^{abc}	14.6 abc	13.7^{ab}	42.5^{cd}
Et18 (H)	0.75^{bcde}	2.74	0.010	2.5^{c}	15.5 abc	13.7^{ab}	41.0^{d}
Et19 (I)	1.05 abcd	2.33	0.037	2.7^{bc}	16.0 abc	13.0^{b}	42.4^{cd}
Et20 (I)	1.39^{abc}	2.03	0.015	3.0^{abc}	15.4 abc	12.8^{b}	43.2^{bcd}
Et21 (I)	0.87 abcde	1.19	0.026	2.8abc	13.8 bc	11.7^{b}	45.9abcd
Et22 (I)	1.01 abcd	3.29	0.015	2.9^{abc}	15.7 abc	14.2^{ab}	42.3^{cd}
Et23 (I)	0.96 abcd	1.87	ND	2.8^{bc}	15.2 abc	12.6^{b}	43.1^{bcd}
Et24 (A)	0.44^{cde}	2.95	ND	3.3^{abc}	14.7 abc	15.8^{a}	46.8^{abcd}
Et25 (A)	0.58bcde	3.70	ND	3.9^{a}	15.1 abc	14.0^{ab}	50.3^{a}
GL	1.06^{abcd}	0.65	0.004	3.2^{abc}	13.6^{c}	12.9^{b}	48.6^{abc}
TC	0.32^{de}	1.78	ND	3.4abc	15.8 abc	13.8^{ab}	49.3^{ab}
SEM	0.07	0.17	0.01	0.1	0.2	0.2	0.4

As médias com diferentes sobrescritos na mesma coluna são significativamente diferentes (P < 0,05).

MT, tonelada métrica; Et, ecótipo; GL, Grasslands Lancelot; CT, Ceres Tonic; ND, não detectado.

*A, Aomori; I, Iwate; Ak, Akita; H, Hokkaido.

Teores de cinzas brutas

Os teores de cinzas brutas encontrados na Et, GL e CT foram de 11,4-15,8%, 12,9 e 13,8%
, respetivamente. A maioria dos Et apresentou teores de cinzas brutas numericamente mais elevados do que as cultivares.

Altura da planta

A altura variou de 40,5 cm a 50,3 cm em Et (Tabela 1.1). As alturas das plantas de ambas as cultivares foram mais elevadas (P<0,05) do que algumas das Et, mas a Et25 foi numericamente mais elevada do que as cultivares. Os resultados mostram que a concentração de componentes bioactivos e o desempenho das plantas não estão correlacionados com a altura das plantas.

Capítulo 2

Determinação das actividades de eliminação de radicais livres das ervas e pastagens de plátano (*Plantago lanceolata* L.) por espetrometria de ressonância de spin eletrónico

Introdução

O prazo de validade da carne e do leite e a perda da cor vermelha mais desejável da carne de bovino estão relacionados com a tendência dos ácidos gordos insaturados para se oxidarem e com a presença de antioxidantes, fornecidos através da dieta do animal (Muramoto et al., 2004, Scollan et al., 2005, Yang et al., 2002). Recentemente, vários estudos identificaram a relação geral entre o prazo de validade dos produtos de origem animal e os níveis de anti-oxidantes fornecidos através da dieta do animal ou adicionados durante a transformação. Num estudo anterior, O'sullivan et al. (2003) referiram que, apesar de a alimentação em pastagens conduzir a concentrações mais elevadas de ácidos gordos polinsaturados *n-3* mais oxidáveis nos lípidos musculares, a carne é mais resistente à oxidação dos lípidos do que a carne de bovino alimentada com cereais. Isto reflecte a maior deposição de anti-oxidantes derivados de plantas, em particular vitamina E, na carne de bovinos alimentados em pastagens, mas também uma maior atividade de algumas enzimas anti-oxidantes (Gatellier et al., 2004).

Até à data, foram efectuados alguns estudos sobre o potencial anti-oxidante das gramíneas e leguminosas forrageiras e das ervas forrageiras (Lee et al., 2005, Tamura e Masumizu, 2005 e Poulet et al., 2002). As diferenças nas potencialidades anti-oxidativas entre as pastagens, incluindo as ervas forrageiras, ainda não foram esclarecidas em pormenor. Por conseguinte, temos vindo a avaliar as capacidades da atividade de eliminação do radical anião superóxido (SOSA), e os plátanos apresentaram uma SOSA mais elevada em extractos puros de MeOH em comparação com três pastagens (Tamura e Masumizu, 2005). Em alguns relatórios, a SOSA foi medida utilizando água (Noda et al., 1997 e Yun et al., 2003) ou extractos de MeOH (Tamura e Masumizu, 2005). As técnicas de extração de anti-oxidantes para o radical anião superóxido (O_2^{*-}) a partir de materiais vegetais forrageiros ainda não são claras.

Considerando os pontos acima mencionados, a presente experiência foi conduzida para avaliar o SOSA de extractos de água, 80% e MeOH puro de plátano (*Plantago lanceolata* L.), azevém perene (*Lolium perenne* L.), erva-das-pastagens (*Dactylis glomerata* L.), rabo-de-gato (*Phleum pratense* L.), caniço (*Phalaris arundinacea* L.) e trevo branco (*Trifolium repens* L.) utilizando o espetrómetro de ressonância de spin de electrões (ESR).

Materiais e métodos

Produtos químicos utilizados

Superóxido dismutase (SOD) de eritrócitos bovinos (Nacalai Tesque Inc., Quioto, Japão), agente de captura 5,5-Dimetil-1-pirrolina-N-óxido (DMPO) (Labotec Ltd., Tóquio, Japão), hipoxantina (HPX) (Sigma

Chemical Co, EUA), xantina oxidase (XOD) para a geração de oxigénio ativo (Roche Chemical Co., Tóquio, Japão) e solução tampão de fosfato, pH 7,4 (Kanto Chemical, Tóquio, Japão); mistura de hexano; EtOH; vitamina E-acetato padrão (Sigma Chemical Co. MO, EUA) e foram utilizados.

Preparação de amostras para análises

Foram colhidas três amostras de plantas inteiras de plátano, erva de pomar, azevém perene, trevo branco, rabo-de-gato e caniço em fase vegetativa em três locais diferentes, Takizawa, Yanagisawa e National Agricultural Research Center for Tohoku Region, da prefeitura de Iwate, Japão. Em seguida, as amostras foram liofilizadas e trituradas num almofariz e pilão até se transformarem em pó fino. A amostra em pó de 0,1 g de cada espécie de pastagem e de plátano foi dissolvida em 20 mL de água ajustada a pH 7,4 pelo tampão fosfato (PB), agitada durante 1 hora à temperatura ambiente e finalmente centrifugada a 3000 rpm durante 10 minutos. Foram seguidos os mesmos procedimentos para a extração com MeOH puro e a 80%. Após a centrifugação, cerca de 1 mL do eluente foi retirado para análise.

Determinação da atividade de eliminação do radical anião superóxido

A SOSA foi determinada através do método de captura de spin utilizando o espetrómetro ESR (Figura 2.1) (JES-FA200, JEOL Ltd., Tóquio, Japão). O óxido de manganês foi utilizado como padrão interno, fornecendo uma intensidade de sinal constante com a qual todos os picos foram comparados. As condições de medição ESR utilizadas para estimar o $O_2^{\cdot-}$ foram as seguintes: campo magnético: 336±5 mT; potência: 4 mW, 9,42 GHz; tempo de varrimento: 2 min; frequência de modulação: 100 kHz, 0,08 mT; amplitude: 2,5 x 100; constante de tempo: 0,1 seg.

O sistema de reação HPX-XOD foi utilizado para determinar a SOSA. Os produtos químicos foram misturados na seguinte ordem: 15 µl de 9,2 mmol/L de DMPO, 50 µl de 2 mmol/L de HPX, 35 µl da água (pH 7,4, ajustado pelo PB) e 50 µl das amostras e, por fim, 50 µl de 0,4 U/mL de XOD do leite de vaca. A mistura foi transferida para a célula plana de espetrometria ESR e o aduto de spin DMPO- $O_2^{\cdot-}$ foi quantificado durante 1 minuto após a adição de XOD. Foram feitas curvas-padrão para cada um dos métodos de extração com água, 80% e MeOH puro (figura 2.2). O SOSA foi expresso em unidades equivalentes de SOD por miligrama, tal como descrito por Noda et al. (1997). A intensidade relativa dos espectros de ESR é apresentada na figura 2.3.

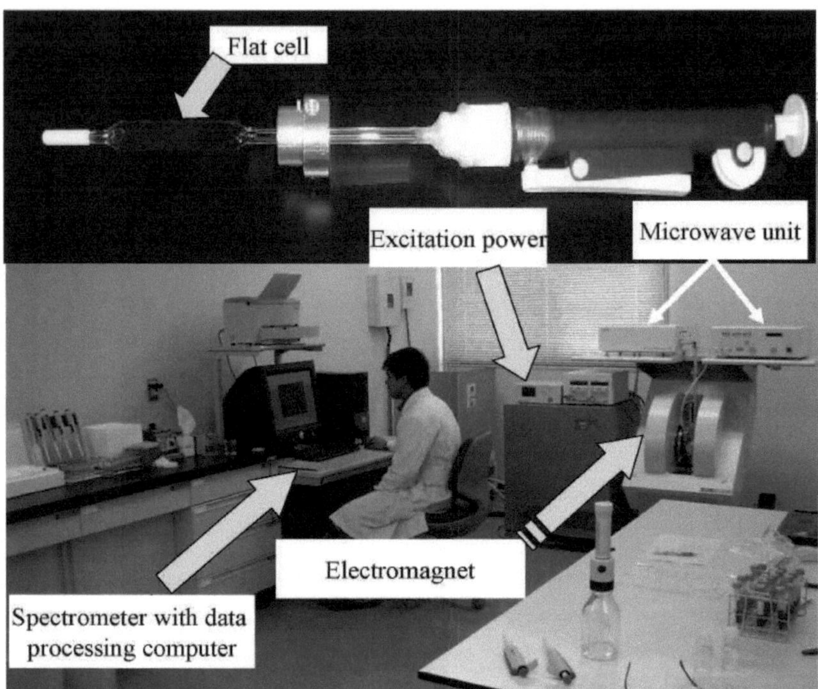

Figura 2.1. O sistema de espetrometria de ressonância de spin de electrões (ESR) para a determinação das actividades de eliminação do radical anião superóxido. As condições de medição ESR utilizadas para estimar O_2 '~ foram as seguintes: campo magnético: 336±5 mT; potência: 4 mW, 9,42 GHz; tempo de varrimento: 2 min; frequência de modulação: 100 kHz, 0,08 mT; amplitude: 2,5 x 100; constante de tempo: 0,1 seg.

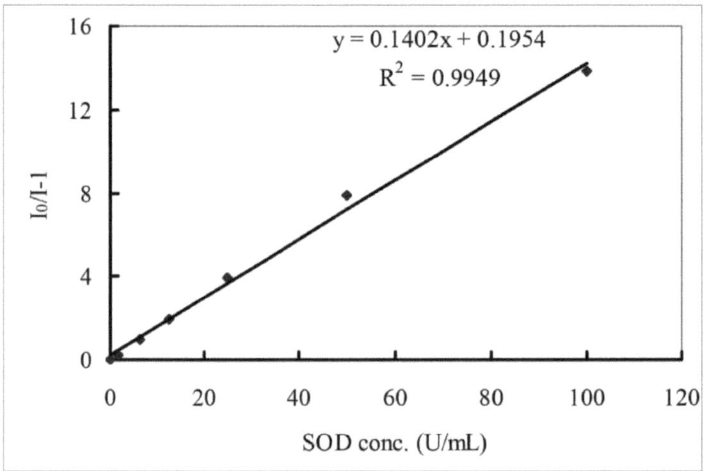

Figure 2.2. A curva padrão para a água. I_0 = intensidade relativa da espetrometria de ressonância de spin eletrónico (ESR) para o branco; I= intensidade relativa da ESR para a amostra;

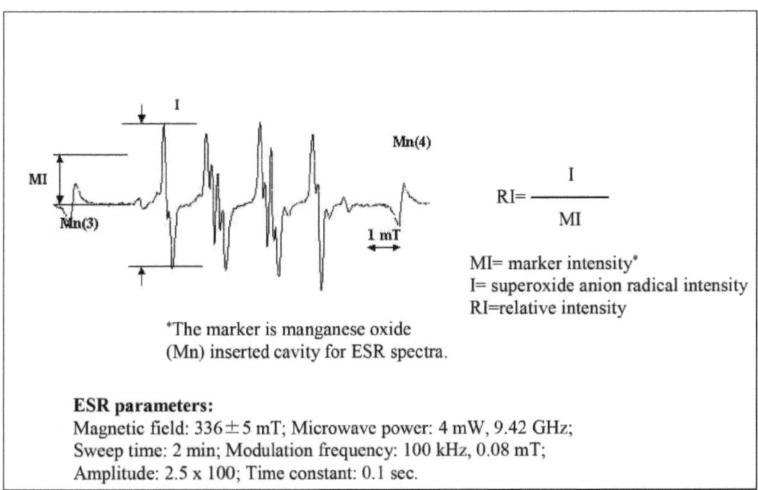

Figure 2.3. A intensidade relativa dos espectros ESR.

Determinação do ácido ascórbico

As amostras liofilizadas foram utilizadas para determinar o teor de ácido ascórbico (figura 2.4) por cromatografia líquida de alta resolução (HPLC) (LC 10AS, Shimadzu Co., Ltd., Kyoto, Japão). As análises quantitativas foram efectuadas a 35 °C, utilizando uma coluna de 4,6 mm × 10 cm (Senshupak silica-1100-N). A fase móvel foi uma solução de éter acetil, n-hexano, ácido acético e água (60:40:5:0,05). O caudal foi de 1,5 mL/min. A deteção por arranjo de fotodíodos foi efectuada a 495 nm. Primeiro, 0,5 g de amostra liofilizada foi extraída para 50 mL de ácido metalínico a 5%, homogeneizada e depois centrifugada a 3000 rpm durante 10 min. Em seguida, 1 mL do eluente foi misturado com 1 mL de ácido metalínico a 5%, 100 µL de sal de sódio desidratado de 2,6 diclorofenol-indofenol a 0,2% e 2 mL de solução de tioureia a 2% e ácido metalínico a 5% foram adicionados ao tubo de ensaio. Depois disso, foram adicionados 0,5 mL de 2% de 2,4-dinitrofenol hidrazina-4,5 mol/L H2SO4 e mantidos a 38-42° C durante 16 horas. Finalmente, foram adicionados 3 ml de éter acetil e a mistura foi agitada durante 1 hora, sendo depois utilizada para a determinação do ácido ascórbico por HPLC.

Determinação da vitamina E

As amostras liofilizadas de PR, OR, TI, WC e PL foram utilizadas para a determinação do teor de vitamina E (Figura 2.5) utilizando HPLC (Sigma-Aldrich, Tóquio, Japão; coluna TSK gel ODS-8-Ts 4,6 mm I. D. x 25 cm; Detetor UV-8020). A vitamina E-acetato comercial (Sigma Chemical Co., MO, EUA) foi utilizada como padrão. A análise foi efectuada à temperatura ambiente, com um caudal de 1 ml/min e um comprimento de onda ultravioleta de 280 nm.

Análise estatística

Todos os dados foram expressos em valores médios com desvios-padrão. A análise estatística foi efectuada utilizando o procedimento GLM do SAS com os testes de intervalo múltiplo de Duncan (SAS, 1994) e a significância foi considerada em P<0,05.

Resultados e discussão

Os SOSA dos pastos e da banana obtidos por ESR são apresentados na Tabela 2.1. Os SOSA dos extractos aquosos foram significativamente (P<0,05) mais elevados do que os dos extractos a 80% e MeOH puro, indicando que os antioxidantes para O $'_2^-$ contidos nas pastagens e na banana são principalmente solúveis em água e considera-se que a extração aquosa é adequada para extrair antioxidantes para O_2 $'^-$ de materiais vegetais forrageiros. Os teores de vitamina C foram muito mais elevados, mas os teores de vitamina E foram mais baixos no WC do que no PR, TI e PL (Figura 2.4 e 2.5, respetivamente).

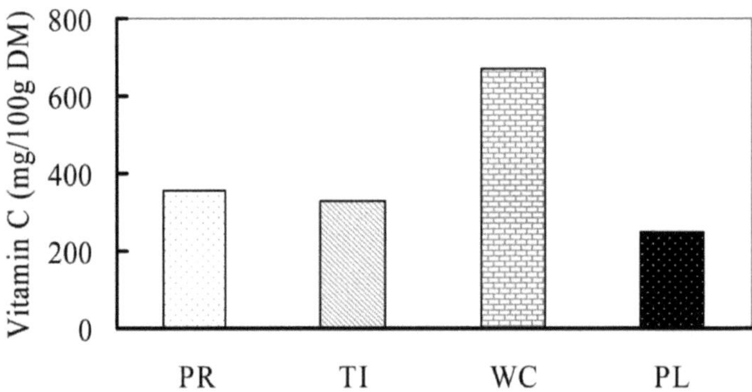

Figure 2.4. Comparação dos teores de vitamina C de duas pastagens não leguminosas, azevém perene (PR, *Lolium perenne* L. e timóteo TI, *Phleum pratense* L.), e uma leguminosa, trevo branco (WC, *Trifolium repens* L.), e uma erva, plátano (PL, *Plantago lanceolata* L.).

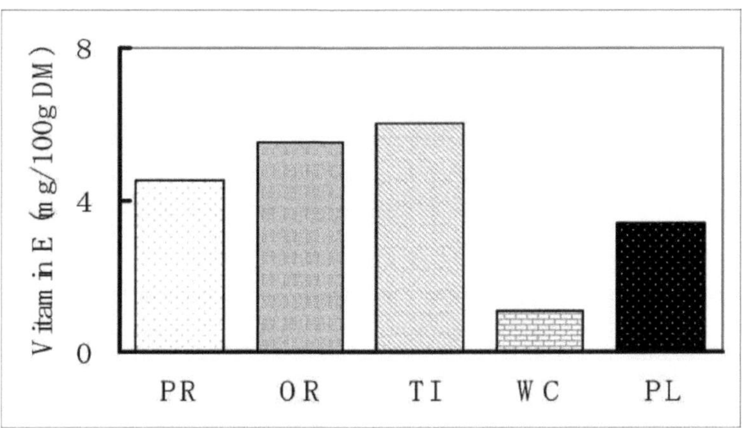

Figura 2.5. Comparação dos teores de vitamina C de três não leguminosas, azevém perene (PR, *Lolium perenne* L.), erva-das-pastagens (OR, *Dactylis glomarata* L.) e rabo-de-gato (TI, *Phleum pratense* L.), e de uma leguminosa, trevo branco (WC, *Trifolium repens* L.), pastagens e uma erva, plátano (PL, *Plantago lanceolata* L.).

Tabela 2.1. Comparação das actividades de eliminação do radical anião superóxido (SOSA) entre e dentro das espécies em diferentes extractos.

Espécies	SOSA U/mg MS		
	Água	80% MeOH	MeOH puro
Azevém perene	$3{,}35A^d \pm 0{,}17*$	$1{,}50B^{bc} \pm 0{,}23$	$1{,}04C^c \pm 0{,}23$
Erva de pomar	$5{,}96^{Ac} \pm 0{,}70$	$1{,}30^{Bbc} \pm 0{,}29$	$0{,}62^{Bc} \pm 0{,}10$
Timóteo	$4{,}25^{Ad} \pm 0{,}78$	$1{,}89^{Bb} \pm 0{,}34$	$2{,}57^{Bb} \pm 0{,}46$
Capim-canário	$3{,}39^{Ad} \pm 0{,}43$	$0{,}35^{Bd} \pm 0{,}26$	$0{,}39^{Bc} \pm 0{,}15$
Tanchagem	$37{,}37^{Aa} \pm 18{,}12$	$6{,}40^{Ba} \pm 0{,}95$	$6{,}47B^a \pm 1{,}01$
Trevo branco	$8{,}00A^b \pm 1{,}28$	$0{,}82B^{cd} \pm 0{,}07$	$0{,}17B^c \pm 0{,}21$

Nota: *Dados expressos como média ± desvio padrão. Sobrescritos diferentes na mesma coluna (letras minúsculas) e na mesma linha (letras maiúsculas) diferem (P<0,05).

O plátano apresentou um SOSA extremamente mais elevado (P<0,05) do que todas as pastagens na extração de água. Entre as pastagens, o trevo branco apresentou o maior (P<0,05) e o capim-pomar apresentou o maior SOSA em extractos de água do que as outras três gramíneas. Analisámos quimicamente que o trevo branco continha muito mais vitamina C do que as outras gramíneas e a banana-da-terra, o que foi comparável com os resultados anteriores (Tamura e Masumizu, 2005). A maior atividade anti-oxidante do trevo branco pode ser atribuída à vitamina C. A SOSA no junco canário mostrou a mesma tendência entre as extracções que no trevo branco. Por outro lado, no azevém perene, no capim-pomar e no rabo-de-gato, a SOSA nas extracções de 80% e de MeOH puro foi relativamente elevada, o que pode ser atribuído à existência de antioxidantes solúveis em lípidos desconhecidos, especialmente no rabo-de-gato.

Recentemente, tem sido dada muita atenção às potencialidades anti-oxidantes das pastagens e ervas para manter as características qualitativas importantes dos produtos de origem animal, como o prazo de validade, os atributos sensoriais e a estabilidade lipídica. Foram comunicadas quatro principais substâncias reactivas de oxigénio, nomeadamente o radical anião superóxido, o radical hidroxilo, o peróxido de hidrogénio e o oxigénio singlete, e é bem conhecido que o radical anião superóxido é a espécie ativa de oxigénio mais comum.

Na procura de métodos para avaliar a atividade antioxidante em extractos naturais que contenham misturas complexas, a técnica de captura de spin ESR para radicais superóxido presta-se facilmente a um rastreio rápido (Noda et al., 1997). Neste estudo, a SOSA de algumas pastagens e de um plátano foi avaliada com base no método ESR. As comparações das actividades mostraram que o plátano tinha o SOSA mais forte e extremamente elevado em extractos aquosos, o que reflecte o facto de conter anti-oxidantes solúveis em água, como a vitamina C. No entanto, o teor de vitamina C do plátano era inferior ao do trevo branco, do rabo-de-gato e do azevém perene (Tamura e Masumizu, 2005). Considera-se que o SOSA da bananeira se deve principalmente à presença de acteosídeo, um glicosídeo feniletanóide que apresenta uma elevada atividade antioxidante na bananeira (Nishibe et al., 1995), e outros antioxidantes solúveis em água desconhecidos.

O ímpeto para melhorar a qualidade dos produtos de origem animal tem aumentado nos últimos anos para satisfazer as exigências em rápida mudança dos consumidores que requerem alimentos seguros, saudáveis e de qualidade alimentar consistente, etc. Considera-se essencial melhorar a cor, o prazo de validade, os atributos sensoriais e a estabilidade dos lípidos dos produtos de origem animal através da alimentação com pastagens e ervas que apresentam um SOSA elevado, como a banana-da-terra. Pode concluir-se que a qualidade da carne e do leite pode ser protegida da deterioração por oxidação através da alimentação com forragens com elevado SOSA, como o plátano. No entanto, devem ser efectuados mais estudos sobre a qualidade da carne e do leite alimentados com ervas de plátano.

Poulet et al. (2002) mostraram que as pastagens naturais da região montanhosa tinham uma maior quantidade de fenólicos, que são anti-oxidantes conhecidos por influenciar o sabor e a conservação dos produtos animais, do que o feno e as silagens feitas a partir das principais gramíneas forrageiras e culturas como o azevém perene, o capim-árvore e o milho. Verificámos uma diferença significativa no SOSA entre as pastagens utilizadas na experiência, ou seja, o trevo branco e o capim-pomar apresentaram um SOSA relativamente mais elevado do que o do azevém perene, do rabo-de-gato e do capim-canário. Lee et al. (2005) também encontraram grandes diferenças nas actividades de eliminação de radicais entre variedades de rabo-de-gato e alfafa pelo método DPPH (1, 1-difenil-2-picril-hidrazil). Estes estudos sugerem um grande potencial de manipulação destas características potencialmente benéficas das pastagens. Estamos certos de que a seleção de espécies e variedades de pastagens com elevado potencial anti-oxidante melhorará as características de qualidade dos produtos de origem animal acima referidas. No entanto, é necessário clarificar em pormenor as alterações dos valores SOSA devido às diferenças de fase de crescimento, estação de crescimento, condições climáticas e métodos e condições de cultivo.

Capítulo 3

Variação das actividades de eliminação de radicais aniónicos superóxidos de ervas e pastagens de diferentes altitudes no norte do Japão, determinada através de ESR

Introdução

Uma parte do oxigénio que entra nas células vivas é transformada em várias espécies reactivas de oxigénio e radicais livres nocivos. Uma vez formados, os radicais livres podem iniciar uma reação em cadeia que leva à formação de mais radicais livres. O radical anião superóxido (O_2 $\cdot^-$) é uma das espécies reactivas de oxigénio mais fortes de entre os radicais livres que são gerados após a entrada de oxigénio nas células vivas. O_2 $\cdot^-$ transforma-se noutras espécies reactivas de oxigénio e radicais livres nocivos, como o peróxido de hidrogénio e o radical hidroxilo (Figura 3.1).

Embora ainda não tenham sido comunicadas relações pormenorizadas entre os antioxidantes e a saúde animal, os antioxidantes fornecidos através das dietas melhoram a atividade antioxidante dos animais, conduzindo assim a uma melhor saúde animal. Os antioxidantes naturais fornecidos através de gramíneas forrageiras e leguminosas também podem prolongar o prazo de validade da carne e do leite e proteger a carne de perder a sua cor vermelha desejável (Muramoto et al., 2004; Scolan et al., 2005). A frescura, o teor de gordura, o sabor e a cor da carne são factores chave usados pelos consumidores para julgar a qualidade da carne, e a dieta tem uma influência potente nestes factores (Murphy et al., 1994; Rousset-Akrin et al., 1997; Prache e Theriez, 1999).

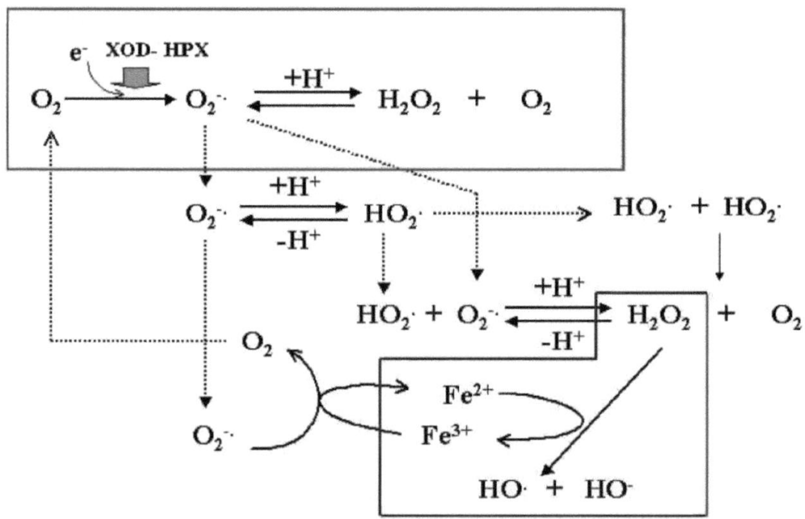

Figura 3.1. Diagrama esquemático que mostra a formação do radical anião superóxido (o2 ∗) na célula viva. XOD= xantina oxidase; HPX= hipoxantina.

A taxa de perda da cor vermelha está relacionada com o grau de insaturação dos lípidos e com a presença de antioxidantes fornecidos através da dieta (O'Sullivan et al., 2003). Os antioxidantes naturais das plantas também protegem os ácidos gordos insaturados, como os ácidos gordos n-3, da oxidação (Melton, 1990). O ácido linoleico conjugado (CLA) foi declaradamente muito mais elevado nos bovinos alimentados com pasto do que nos bovinos alimentados com concentrado (Realini et al., 2004), e o pasto contém uma quantidade elevada do precursor do CLA, ou seja, o ácido linoleico poli-insaturado C18:2 (Bauman et al., 2001), que poderia ser protegido da oxidação pelos antioxidantes dos alimentos para animais. Considera-se geralmente que as pastagens frescas são o principal fornecedor de antioxidantes aos animais (Scolan et al., 2005). Assegurar o fornecimento de antioxidantes através das pastagens é essencial para produzir produtos de boa qualidade a partir dos animais. Consequentemente, as ervas naturais e as pastagens com elevadas actividades antioxidantes têm atraído um interesse considerável por parte dos cientistas e dos fabricantes de alimentos para animais (Gill, 1999). No entanto, as propriedades antioxidantes variam de espécie para espécie e dentro de cada espécie devido aos efeitos ambientais. Por exemplo, Collomb et al. (Collomb et al., 2002) referiram que a composição relacionada com as actividades antioxidantes do leite e do queijo diferem consoante as diferentes localizações altitudinais. O teor de acteosídeo, um antioxidante, na planta forrageira varia em função da temperatura do ar, da intensidade da luz, da aplicação de fertilizantes e da época de colheita (Tamura, 2002; Tamura e Nishibe, 2002). No nosso estudo anterior, no Capítulo 2, verificou-se que o plátano tem uma maior quantidade de atividade de eliminação do radical anião superóxido (SOSA) do que as principais pastagens temperadas utilizadas no norte do Japão. Apesar da importância das ervas naturais e das pastagens como fonte de antioxidantes, tem sido dada pouca atenção à determinação das propriedades antioxidantes das ervas e das pastagens. Foram realizadas poucas experiências, incluindo as de Lee et al. (2005) sobre as actividades antioxidantes de variedades de luzerna e rabo-de-gato utilizando o método DPPH, e as de Tamura e Masumizu (2005) e na nossa experiência anterior (Capítulo 2) sobre a SOSA medida utilizando um método de armadilha de rotação ESR para um número limitado de espécies de pastagens e ervas. Por conseguinte, o presente estudo foi realizado para descobrir a variação do SOSA entre uma vasta gama de ervas e pastagens, incluindo gramíneas e leguminosas, recolhidas em diferentes altitudes no norte do Japão.

Materiais e métodos

Recolha e preparação de amostras

Foram colhidas amostras de ervas e pastagens a 3 cm acima do nível do solo em dois campos de altitude diferente, nomeadamente o campo de Yamagami (terras baixas, N 36° 5' E141° 00' e 177 m acima do nível do mar) e o campo de Hayasaka (terras altas, N 39° 81' E141° 47' e 920 m acima do nível do mar), que são normalmente utilizados para a colheita de feno e pastagem por gado bovino japonês de raça Shorthorn durante o verão. Nas planícies, recolhemos uma erva, o plátano (PL, *Plantago lanceolata* L.), e nove espécies de pastagem dominantes: azevém perene (PR, *Lolium perenne* L.), erva-das-pastagens (OR,

Dactylis glomerata L.), rabo-de-gato (TI, *Phleum pretense* L.), trevo branco (WC, *Trifolium repens* L.), erva-das-pampas (QG, *Agrophyron repens* L.), erva-de-são-joão (RC, *Phalaris arundinacea* L.), erva-azul do Kentucky (KB, *Poa pratensis* L.), erva-dos-prados-do-Japão (JL, *Zoyocia japonica* L.) e luzerna (AL, *Medicago sativa* L.) no estádio vegetativo em 5 de maio de 2006. Nas terras altas, recolhemos também uma erva, o dente-de-leão (DD, *Taraxacum officinale* Weber) e cinco espécies dominantes de pastagem; PR, OR, TI, WC e QG, no estádio vegetativo, em 26 de maio de 2006. As amostras das terras altas foram recolhidas 3 semanas mais tarde do que as das terras baixas, a fim de comparar o mesmo estádio de crescimento, porque a temperatura média diária do ar era mais elevada nestas últimas (Figura 3.2).

As amostras das duas plantas foram depois liofilizadas num liofilizador FRD-50M (Iwaki Glass Co., Ltd., Japão) e trituradas até à obtenção de um pó fino utilizando um moinho de amostras vibratório (Heko Co. Ltd., Japão). Cada um dos 1 mg de amostras moídas foi extraído para 10 mL de água (pH ajustado a 7,4 com tampão fosfato) ou para 10 mL de MeOH puro, com agitação linear durante 1 hora a uma velocidade de 130 rotações por hora à temperatura ambiente. Finalmente, as amostras foram centrifugadas a 3500 rpm durante 10 min e os eluentes utilizados para a determinação de SOSA por um método ESR-spin trapping. A experiência foi efectuada com três réplicas.

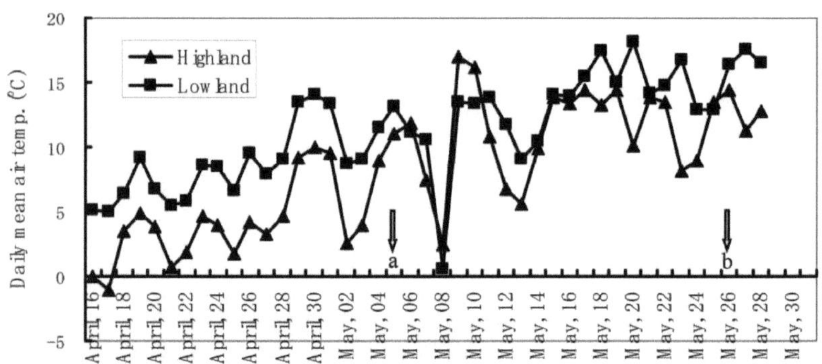

Figure 3.2. A temperatura média diária do ar (° C) durante a amostragem das áreas experimentais. a, b; data de amostragem nas terras baixas (N 36° 5 ' E141° 00 ' e 177 m acima do nível do mar) e nas terras altas (N 39° 81 ' E141° 47 ' e 920 m acima do nível do mar), respetivamente.

Produtos químicos utilizados nas análises

Superóxido dismutase (SOD) de eritrócitos de bovinos (Nacalai Tesque Inc., Quioto, Japão); agente de captura 5,5-dimetil-1-pirrolina-N-óxido (DMPO) (Labotec Co. Ltd., Tóquio, Japão); hipoxantina (HPX) (Sigma Chemical Co., Tóquio, Japão); xantina oxidase (XOD) para a produção de oxigénio ativo (Roche Chemical Co, Tóquio, Japão); solução tampão de fosfato pH 7,4 (1/15 mol/L) (Kanto Chemical, Tóquio, Japão); MeOH (Wako Chemical, Osaka, Japão); catequina (Extrasynthes Inc. Genay, França) e reagente Folin-Denis (Sigma Chemical Co. MO, EUA).

Determinação de SOSA por espetrometria de ressonância de spins electrónicos

A SOSA foi determinada através de um método de captura de spin utilizando um espetrómetro ESR (JES-FA200, JEOL Ltd., Tóquio, Japão). O óxido de manganês foi utilizado como padrão interno, o que proporcionou uma intensidade de sinal constante com a qual todos os picos foram comparados. As condições de medição do espetrómetro ESR utilizadas para estimar o O_2 '⁻ foram as seguintes: campo magnético: 335±5 mT; potência: 4 mW, 9,42 GHz; tempo de varrimento: 2 min; frequência de modulação: 100 kHz, 0,08 mT; amplitude: 2,5 × 100; constante de tempo: 0,1 seg.

Foi utilizado um sistema de reação HPX-XOD para determinar a SOSA. Os produtos químicos foram misturados na seguinte ordem: 15 µL de DMPO 9,2 mol/L, 50 µL de HPX 2 mmol/L, 35 µL de água (pH 7,4, ajustado usando PB), 50 µL de amostras e, finalmente, 50 µL de XOD 0,4 U/mL de leite de vaca. A mistura foi transferida para uma célula plana de espetrometria ESR e o aduto de spin DMPO-O_2 '⁻ foi quantificado durante 1 minuto após a adição de XOD. Foram efectuadas curvas-padrão para as amostras extraídas com água e MeOH e o SOSA foi expresso em unidades equivalentes de SOD por miligrama de matéria seca (MS) (Noda et al., 1997).

Determinação dos polifenóis totais

A medição do polifenol total de ervas e pastagens liofilizadas das terras altas foi efectuada de acordo com o método colorimétrico de Folin-Denis (Folin e Denis, 1915). Cada uma das 0,03-0,04 g de amostras liofilizadas foi primeiro misturada com 5 volumes de água ou MeOH e mantida durante 2 horas à temperatura ambiente antes de ser centrifugada a 10 000 x g durante 10 min. Em seguida, 0,1 mL do sobrenadante foi misturado com 0,1 mL do reagente de Folin-Ciocalteau. Após 10 min, adicionou-se 0,1 mL de bicarbonato de sódio saturado a 10% e misturou-se bem. Após 1 hora, a absorvância das amostras misturadas a 655 nm foi medida por um espetrofotómetro. A catequina foi utilizada como padrão com o qual as amostras foram comparadas.

Determinação do ácido ascórbico

As amostras liofilizadas das terras altas foram utilizadas para determinar o teor de ácido ascórbico por cromatografia líquida de alta resolução (HPLC) (LC 10AS, Shimadzu Co., Ltd., Kyoto, Japão). As análises quantitativas foram efectuadas a 35 °C, utilizando uma coluna de 4,6 mm × 10 cm (Senshupak silica-1100-N). A fase móvel foi uma solução de éter acetil, n-hexano, ácido acético e água (60:40:5:0,05). O caudal foi de 1,5 mL/min. A deteção por arranjo de fotodíodos foi efectuada a 495 nm. Primeiro, 0,5 g de amostra liofilizada foi extraída para 50 mL de ácido metalínico a 5%, homogeneizada e depois centrifugada a 3000 rpm durante 10 min. Em seguida, 1 mL do eluente foi misturado com 1 mL de ácido metalínico a 5%, 100 µL de sal de sódio desidratado de 2,6 diclorofenol-indofenol a 0,2% e 2 mL de solução de tioureia a 2% e ácido metalínico a 5% foram adicionados ao tubo de ensaio. Depois disso, foram adicionados 0,5 mL de 2% de 2,4-dinitrofenol hidrazina-4,5 mol/L H2SO4 e mantidos a 38-42° C durante 16 horas. Finalmente, foram adicionados 3 ml de éter acetil e a mistura foi agitada durante 1 hora, sendo depois utilizada para a determinação do ácido ascórbico por HPLC.

Análise estatística

Todos os dados foram expressos como valores médios com erro padrão da média (SEM). A análise estatística foi efectuada utilizando o procedimento General Linear Model do SAS com o teste de Tukey's Studentized range (HSD) do sistema SAS (SAS, 1994). No caso de espécies individuais, utilizámos o *teste t de* Student para comparar o teor de polifenóis e de SOSA extraídos com água e com MeOH e os valores de SOSA das terras altas e das terras baixas.

Resultados e discussão

O SOSA de ervas e pastagens em terras baixas

O SOSA das ervas e das pastagens variou muito entre as espécies, tanto nos extractos de água como de MeOH (Figura 3.3). Para o SOSA extraído com água, WC apresentou o mais elevado e PL foi o segundo mais elevado das pastagens, enquanto PR, TI, KB, JL e AL se agruparam significativamente no grupo mais baixo. OR, RC e QG situaram-se entre PL e o grupo mais baixo.

Por outro lado, para o SOSA extraído do MeOH, o PL apresentou um SOSA extremamente elevado que foi significativamente superior ao das pastagens. Entre as espécies de gramíneas, TI e QG foram significativamente mais elevadas do que as outras gramíneas e PR, RC, KB e JL agruparam-se significativamente com o SOSA mais baixo, enquanto OR se situou entre os dois. No caso das espécies leguminosas, o WC apresentou um SOSA muito baixo e não foi encontrado nenhum SOSA detetável no AL.

A observação mais interessante foi a variação das espécies entre os métodos de extração. Por exemplo, o SOSA da WC foi o mais elevado nos extractos de água e o mais baixo nos extractos de MeOH. Por outro lado, no PL, o SOSA extraído do MeOH foi extremamente elevado, mas o da água foi relativamente baixo, cerca de metade do SOSA do WC. O TI foi o mais baixo para o SOSA extraído com água, mas foi o mais alto para o SOSA extraído com MeOH entre as pastagens. Em PR, KB e JL, tanto o SOSA extraído com água como o SOSA extraído com MeOH foram muito baixos. Os presentes resultados indicam que a quantidade e o tipo de antioxidantes acumulados diferem largamente entre ervas e pastagens e entre pastagens. Por conseguinte, a seleção de pastagens com maior atividade antioxidante seria muito importante para melhorar a saúde animal e o estado antioxidante da carne e do leite, bem como para prolongar o seu prazo de validade.

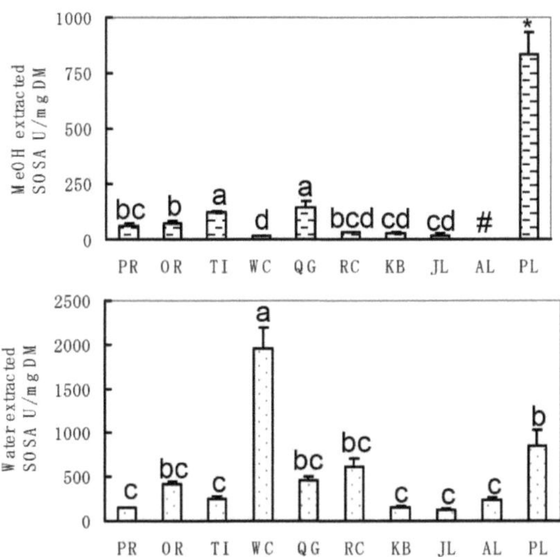

Figure 3.3. Actividades de eliminação do radical anião superóxido (SOSA) extraídas com água e MeOH de ervas e pastagens de terras baixas (177 m acima do nível do mar). Valores com diferentes sobrescritos diferem (P<0,05);[#] Não detectado. PR= azevém perene (*Lolium perenne* L.); OR= capim-pomar (*Dactylis glomerata* L.); TI= rabo-de-gato (*Phleum pretense* L.); WC= trevo branco (*Trifolium repens* L.), QG= quackgrass (*Agrophyron repens* L.); RC= reed canarygrass (*Phalaris arundinacea* L.), KB= kentucky bluegrass (*Poa pratensis* L.), JL= Japanese lawngrass (*Zoyocia japonica* L.); AL= alfafa (*Medicago sativa* L.); PL= plátano (*Plantago lanceolata* L.); **Nota:** Relativamente ao teste de Tukey de amplitude de variação estudada (HSD) para o SOSA extraído de MeOH, efectuámos a análise duas vezes, primeiro para todas as espécies e depois apenas para as pastagens, uma vez que PL era muito mais elevado do que qualquer uma das pastagens.

O efeito da SOSA extraída com água e com MeOH na saúde animal e na qualidade da carne e do leite ainda não está esclarecido, mas pode considerar-se que a SOSA extraída com MeOH é mais importante do que a SOSA extraída com água, uma vez que a SOSA extraída com MeOH representa antioxidantes solúveis em lípidos. Os compostos bioactivos de cada espécie com atividade antioxidante ainda não são conhecidos em pormenor, exceto o acteosídeo, um composto feniletanóide com elevada atividade antioxidante (Nishibe e Murai, 1995). O SOSA extraído com MeOH mais elevado do PL pode dever-se à presença de acteosídeo, e o SOSA extraído com água mais elevado do WC pode dever-se a um teor de vitamina C mais elevado do que nas outras pastagens, tal como referido por Tamura e Masumizu (2005), e a um teor de polifenóis totais solúveis em água mais elevado. É necessário clarificar o tipo de antioxidantes e o seu modo de ação em cada espécie.

O SOSA entre ervas e pastagens nas terras altas

O SOSA das ervas e das pastagens também variou muito entre espécies, tanto para os extractos de água como de MeOH (Figura 3.4). Para o SOSA extraído com água, o WC apresentou o SOSA mais elevado, e o QG e o DD também apresentaram SOSA significativamente mais elevado do que o PR, OR e TI. Por outro lado, para o SOSA extraído com MeOH, DD foi significativamente o mais elevado, enquanto o de WC foi o mais baixo. O PR, OR, TI e QG situaram-se entre o DD e o WC, não tendo sido encontrada qualquer diferença significativa entre eles. As observações mais interessantes aqui foram quase as mesmas que as encontradas para as terras baixas. Por exemplo, WC apresentou o SOSA extraído com água mais elevado do que as outras espécies, enquanto que o extraído com MeOH foi o mais baixo do que as outras espécies, exceto OR.

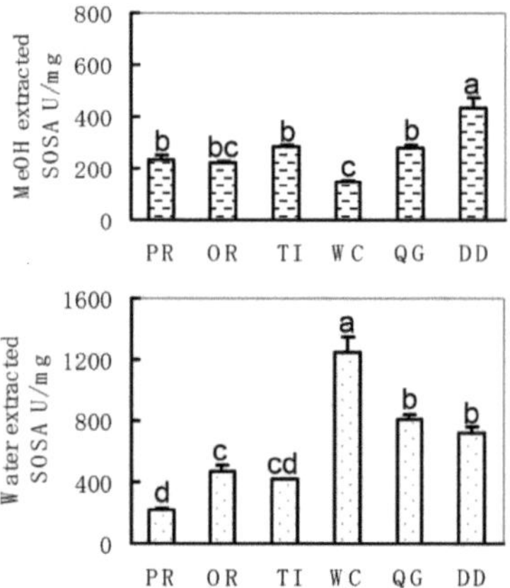

Figure 3.4. Actividades de eliminação do radical anião superóxido (SOSA) extraídas com água e MeOH de ervas e pastagens em terras altas (920 m acima do nível do mar). Valores com diferentes sobrescritos diferem (P<0,05). PR=azevém perene (*Lolium perenne* L.); OR=grama de pomar (*Dactylis glomerata* L.); TI=timóteo (*Phleum pretense* L.); WC=trevo branco (*Trifolium repens* L.), QG=grama de quack (*Agrophyron repens* L.); DD=dente-de-leão (*Taraxacum officinale* Weber).

O TI apresentou o SOSA extraído com MeOH mais elevado, enquanto o dos extractos aquosos foi muito baixo.

Além disso, verificámos que a DD era a mais elevada para a extração com MeOH e era comparativamente mais elevada do que a WC e a QG para a SOSA extraída com água.

Os presentes resultados obtidos entre as espécies foram basicamente os mesmos entre locais de diferentes altitudes. Concluímos que as diferenças encontradas no SOSA extraído da água e do MeOH no presente experimento podem ser atribuídas às características genéticas de cada espécie.

Comparação do SOSA entre as terras baixas e as terras altas

Na presente experiência, apenas cinco espécies, PR, OR, TI, WC e QG, foram comparadas, uma vez que estavam disponíveis tanto nas terras baixas como nas terras altas. O SOSA extraído com água do WC foi mais elevado nas terras baixas do que nas terras altas, enquanto que as outras pastagens permaneceram comparáveis entre locais de diferentes altitudes (Figura 3.5). Desconhece-se a razão pela qual o SOSA extraído da água do WC nas terras baixas foi muito superior ao das terras altas. No entanto, pode considerar-se que os efeitos residuais de um inverno frio nas terras altas afectaram negativamente o crescimento primaveril da erva-de-são-joão, que é menos resistente ao inverno do que as espécies de gramíneas.

Por outro lado, o SOSA extraído com MeOH foi significativamente mais elevado nas terras altas do que nas terras baixas em todas as espécies comuns. Quanto maior a altitude, maior a quantidade de raios ultravioleta (UV) na luz solar que atinge o solo, conforme relatado por Caldwell e Robberecht (1980). Existem muitos relatórios sobre os efeitos da irradiação UV na acumulação de flavonóides solúveis em MeOH e compostos fenólicos nas plantas.

Por exemplo, Poulet et al. (2002) demonstraram que as pastagens naturais de uma região montanhosa tinham uma maior quantidade de fenólicos, que são antioxidantes conhecidos por influenciar o sabor e a conservação dos produtos animais, do que o feno e as silagens produzidos a partir das principais gramíneas forrageiras e culturas como o azevém perene, o capim-árvore e o milho.

Foram registadas correlações altamente positivas entre a quantidade de radiação UV, tanto da luz solar como devido a radiação artificial, e a acumulação de flavonóides e compostos fenólicos em algumas espécies de plantas (Begges et al., 1986; Yoshida, 1991; Liang et al., 2006). A ingestão de plantas em altitudes elevadas que recebem mais fluxo de UV proporciona uma proteção significativa contra a radiação ionizante em animais experimentais (Arora et al., 2005).

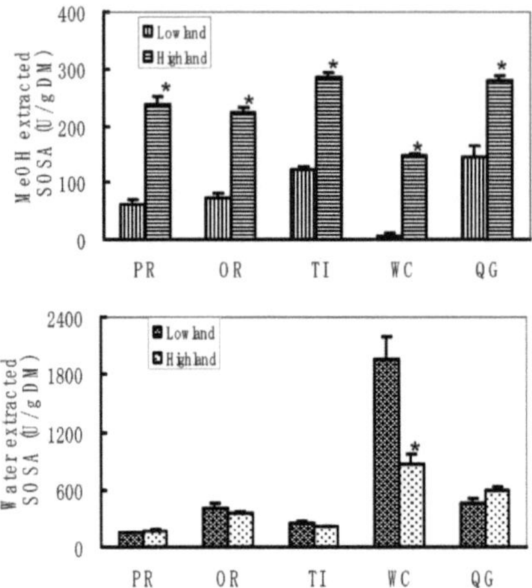

Figure 3.5. Comparação das actividades de eliminação do radical anião superóxido (SOSA) das espécies comuns, extraídas com água e MeOH, entre as terras baixas (177 m acima do nível do mar) e as terras altas (920 m acima do nível do mar). PR=azevém perene (*Lolium perenne* L.); OR=grama de pomar (*Dactylis glomerata* L.); TI=timóteo (*Phleum pretense* L.); WC=trevo branco (*Trifolium repens* L.), QG=grama de quack (*Agrophyron repens* L.); DD=dente-de-leão (*Taraxacum officinale* Weber); *P<0,05.

Por conseguinte, considerámos que o SOSA extraído com MeOH mais elevado das plantas das terras altas poderia ser atribuído a quantidades mais elevadas de flavonóides e compostos fenólicos devido a uma maior radiação UV.

Teores de polifenóis e vitamina C e sua relação com o SOSA

Todos os teores de polifenóis e vitamina C extraídos com água e MeOH diferiram significativamente entre ervas e pastagens (Figura 3.6 e 3.7). Por exemplo, os teores de polifenóis e vitamina C extraídos com água foram significativamente mais elevados na WC e mais baixos na DD. Entre outras espécies, o teor de vitamina C foi significativamente mais elevado em PR, TI e QG do que em OR, mas não foi observada qualquer diferença significativa no polifenol extraído com água. O polifenol extraído com MeOH foi significativamente mais elevado em TI e mais elevado em QG e DD do que noutras pastagens, enquanto OR foi o mais baixo.

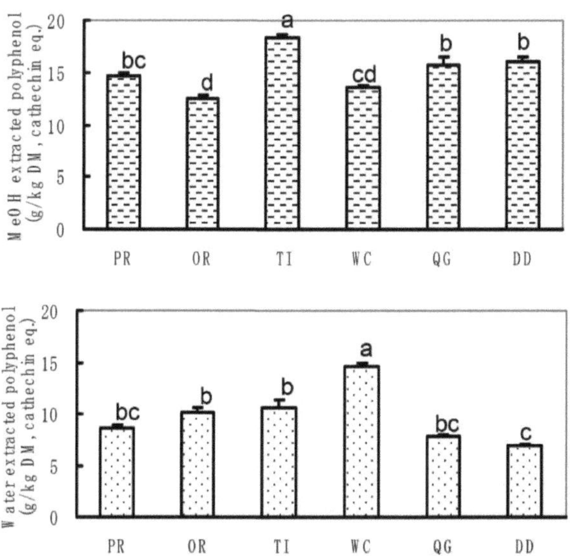

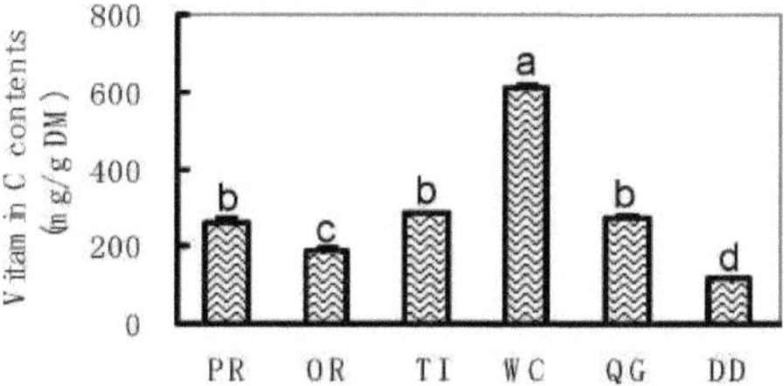

Figure 3.6. Polifenóis extraídos com água e MeOH de ervas e pastagens das terras altas. Valores com diferentes sobrescritos diferem entre si (P<0,05). PR= azevém perene (*Lolium perenne* L.); OR= capim-orquídea (*Dactylis glomerata* L.); TI= rabo-de-burro (*Phleum pretense* L.); WC= trevo branco (*Trifolium repens* L.), QG= capim-santo (*Agrophyron repens* L.); DD= dente-de-leão (*Taraxacum officinale* Weber); eq=equivalente.

Figure 3.7. Teor de vitamina C em ervas e pastagens de terras altas. Valores com diferentes sobrescritos diferem entre si (P<0,05). PR=azevém perene (*Lolium perenne* L.); OR=grama de pomar (*Dactylis glomerata* L.); TI=timóteo (*Phleum pretense* L.); WC=trevo branco (*Trifolium repens* L.), QG= capim-santo (*Agrophyron repens* L.); DD=dente-de-leão (*Taraxacum officinale* Weber).

O maior teor de SOSA extraído com água encontrado no WC pode dever-se ao facto de este ter os teores mais elevados de polifenóis e vitamina C (Tamura e Masumizu, 2005). Por outro lado, o maior teor de SOSA extraído por MeOH na TI pode dever-se ao facto de esta ter o maior teor de polifenóis extraídos por MeOH. A mesma previsão é também aplicável ao DD e ao QG. Embora o SOSA obtido no presente estudo possa estar relacionado com as concentrações de polifenol e vitamina C, as relações não são muito claras e os coeficientes de contribuição do polifenol e da vitamina C para o SOSA foram relativamente baixos (Figura 3.8).

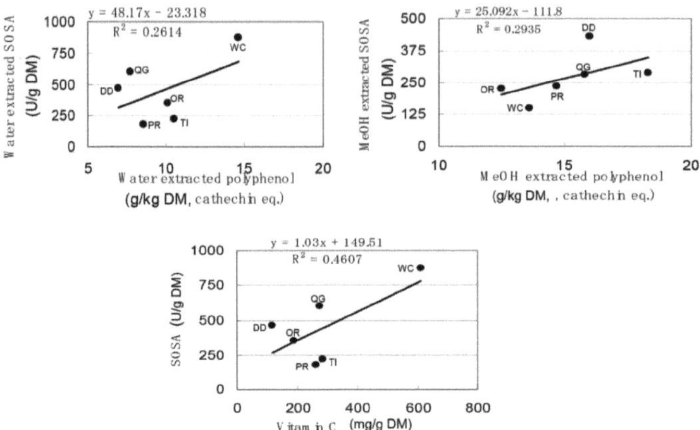

Figure 3.8. Relação da SOSA com o teor de polifenóis e vitamina C. SOSA = actividades de eliminação do radical anião superóxido; PR = azevém perene (*Lolium perenne* L.); OR = azevém (*Dactylis glomerata* L.); TI = rabo-de-gato (*Phleum pretense* L.); WC = trevo branco (*Trifolium repens* L.), QG = erva-doce (*Agrophyron repens* L.); DD = dente-de-leão (*Taraxacum officinale* Weber); eq = equivalente.

Presume-se que outros antioxidantes também afectam o nível de SOSA. O DD foi considerado o exemplo mais típico, porque embora os seus teores de polifenóis e vitamina C extraídos por água fossem os mais baixos, o SOSA extraído por água era relativamente elevado, indicando a presença de antioxidantes solúveis em água desconhecidos. Por conseguinte, a determinação apenas do polifenol e da vitamina C não é suficiente para representar as propriedades antioxidantes de uma erva ou pastagem. A determinação das propriedades antioxidantes totais por ESR-spin trapping ou outros métodos estabelecidos é essencial.

Capítulo 4

Comparação das técnicas de diluição de isótopos para determinar a síntese e a degradação de proteínas em todo o corpo de ovinos alimentados com diferentes doses de dieta

Introdução

Após a determinação dos componentes bioactivos e das actividades de eliminação do radical anião superóxido, o objetivo era conhecer o efeito da banana-da-terra (*Plantago lanceolata* L.) na glicose plasmática e no metabolismo das proteínas do corpo inteiro em ovinos expostos ao calor. Foram utilizadas várias técnicas bem estabelecidas de diluição isotópica utilizando isótopos radioactivos e estáveis para estimar o metabolismo das proteínas do corpo inteiro em seres humanos e animais (Wolfe, 1984; Marchini et al., 1993; Sano et al., 2004). Entre os métodos, a cinética isotópica da [1-^{13}C]leucina é o método mais utilizado para avaliar a síntese e a degradação de proteínas no corpo inteiro (WBPS) através da medição do ácido α-[1-^{13}C]cetoisocapróico plasmático (α-[1-^{13}C]KIC), o verdadeiro precursor do metabolismo intracelular da leucina, enriquecido em seres humanos, ovelhas e vacas (Matthews et al, 1982; Krishnamurti e Janssens, 1988; Sano et al., 2004; Lapierre et al., 2002). O modelo da [^{2}H5]fenilalanina, tal como proposto por Clarke e Bier (1982), também pode ser utilizado para a medição exacta do WBPS e do WBPD num curto espaço de tempo e, além disso, oferece a vantagem de não exigir a medição da produção de CO_2 no ar expirado ou o enriquecimento de CO_2 em^{13} , o que permite que as análises sejam efectuadas apenas por cromatografia gasosa/espetrometria de massa (GC/MS). Os modelos de rotação da fenilalanina e da leucina são apresentados na Figura 4.1 e na Figura 4.2.

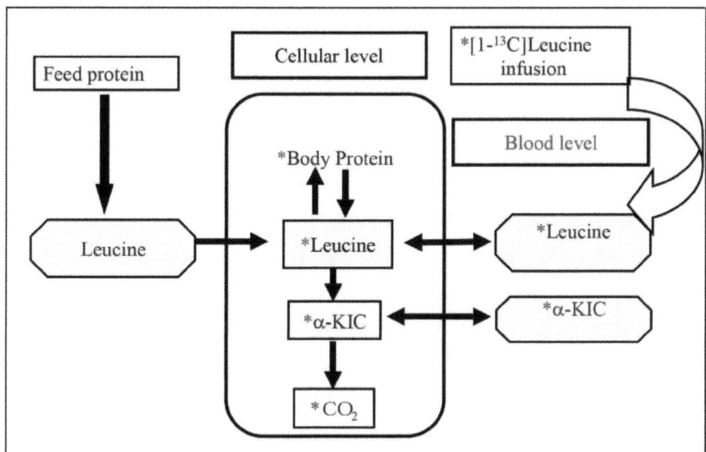

Figura 4.1. Modelo de renovação da leucina no plasma. α-KIC= ácido α-cetoisocapróico

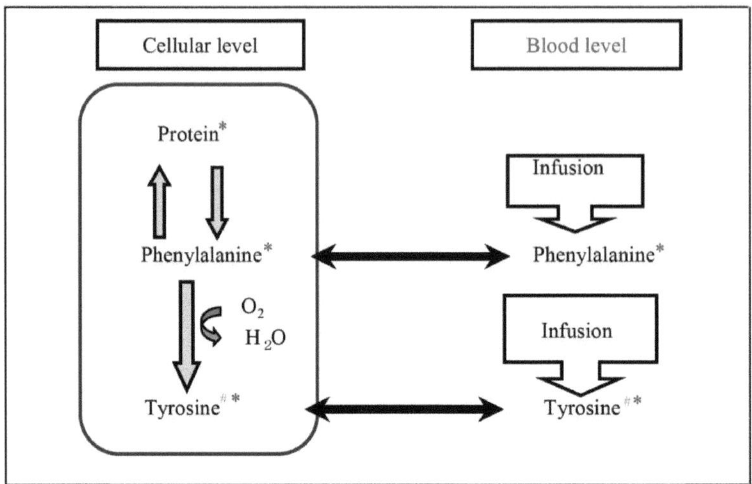

Figura 4.2. Modelo de transformação da fenilalanina. $*[^2 H5]$fenilalanima; $* [H^2_2]$tyrosme.

Embora o modelo da $[^2 H5]$fenilalanina tenha sido utilizado em seres humanos e animais (Pacy et al., 1994; Clark et al., 1997; Borel et al., 1997; Whittaker et al., 1999; Gibson et al., 2002; Bregendahl et al., 2004; Fujita et al., 2006;) para a determinação do metabolismo proteico do corpo inteiro, foram efectuadas poucas experiências em ovinos (Lobley et al., 2003; Harris et al., 1992; Connell et al., 1997).

A presente experiência foi realizada utilizando a diluição isotópica e o teste de balanço de azoto simultaneamente em ovinos alimentados com dois níveis de ingestão alimentar para saber se o mesmo WBPS e WBPD poderiam ser obtidos a partir do modelo $[^2 H5]$fenilalanina e do método $[1\text{-}^{13} C]$leucina ou não.

Materiais e métodos

Animais de laboratório e gestão

Foram utilizadas quatro ovelhas cruzadas (Suffolk x Corriedale), com cerca de dois anos de idade e pesando, inicialmente, 44±1 kg. Os animais foram preparados cirurgicamente, sob anestesia, com uma ansa de pele envolvendo a artéria carótida esquerda, pelo menos três meses antes do início da experiência. Durante o período de adaptação, os animais foram mantidos em compartimentos individuais de um estábulo de animais e foram tosquiados cuidadosamente antes do início das experiências. Os animais foram alimentados com feno misto de erva de pomar e erva de caniço (1,8 kcal de energia metabolizável (EM)/g e 12% de proteína bruta (PC)) e mistura de concentrado (2.8 kcal EM/g e 12% PC) na proporção de 1:1 em dois níveis diferentes, 103 kcal EM/kg$^{0.75}$ /dia (dieta M) e 151 kcal EM/kg$^{0.75}$ /dia (dieta H), que eram equivalentes a 107 e 157% da EM necessária para a manutenção (National Research Council, 1985), com um desenho cruzado por um período de 21 dias cada. As ovelhas foram alimentadas às 14:00 h todos os dias com acesso ad libitum a água. No 15° dia, as ovelhas foram transferidas para as gaiolas metabólicas numa sala com ambiente controlado a uma temperatura do ar de 20±1° C. Um cateter de polivinil foi colocado na veia jugular direita um dia antes da experiência. Além disso, foi inserido um cateter para recolha de sangue na ansa cutânea da artéria carótida esquerda cerca de 2 horas antes do início da experiência. Os cateteres foram utilizados para manter a lavagem com solução estéril de citrato trissódico a 3,8% (p/v). As ovelhas foram transferidas de volta para os compartimentos individuais depois de completarem cada tratamento dietético. Foram pesadas no início, no 15° dia e após a conclusão de cada tratamento dietético. O manuseamento dos animais, incluindo a cirurgia e a colheita de sangue, foi efectuado de acordo com as directrizes estabelecidas pelo Comité de Cuidados dos Animais da Universidade de Iwate.

Colheita de fezes e urina

O balanço de azoto (N) foi determinado em três dias sucessivos durante a última semana de cada período de tratamento de 3 semanas. A urina foi recolhida de cada ovelha durante 24 h num balde contendo 50 mL de H2SO4 6N e uma alíquota foi armazenada a -30° C até à análise. As fezes também foram recolhidas de cada ovelha durante 24 horas, secas numa estufa, trituradas numa malha de 1 mm e armazenadas até à análise.

Procedimentos de diluição de isótopos

Dois procedimentos de diluição isotópica, o modelo da [^{2}H5]fenilalanina e o método da [1-^{13}C]leucina, para a determinação das taxas de turnover da fenilalanina plasmática (PheTR), tirosina (TyrTR) e leucina (LeuTR), e da produção de CO2 derivada da oxidação da leucina (LeuOX), foram realizados simultaneamente no dia 21 de cada tratamento dietético. Às 10.00 h, 10 mL de solução de NaCl a 0,9% (p/v) contendo 7 μmol/kg ^{,07} 5 de [^{2}H5]fenilalanina (L-fenil-d5-alanina, 98 átomos% D em excesso, Isotec Inc, A Matheson tri-gas Company, EUA), 3,5, uumol.kg ^{,07} 5 de [H$^2_2$]tirosina (L-tirosina-3, 5-D$_2$, 98 átomos% D em excesso, Isotec Inc, A Matheson tri-gas Company, EUA), 2 μmol/kg0,7^5 de [^{2}H4]tirosina (L-4-hidroxifenil-2, 3, 5, 6-D4-alanina, 98 átomos% D em excesso, Isotec Inc, A Matheson, USA Co, EUA), 10 μmol/kg^0 $_■$^{75} de [1-^{13}C]leucina (L-leucina, 99 átomos%, Cambridge Isotope Laboratories, Inc, EUA), e 3,5 μmol/kg^0 $_■$^{75} de NaH^{13}CO3 (NaHCO3-^{13}C, 99 átomos%, Cambridge Isotope Laboratories, Inc, EUA) foram injectados através do cateter jugular como dose de preparação (Wolfe, 1984). Em seguida, [^{2}H5]fenilalanina, [^{2}H2]tirosina e [1-^{13}C]leucina foram continuamente infundidos por uma bomba peristáltica multicanal (AC-2120, Atto Co. Ltd, Japão) a uma taxa de 7,0, 3,5 e 10,0 μmol/kg^0 $^{.75}$ /h, respetivamente, através do mesmo cateter durante 5 h. Foram colhidas amostras de sangue (5 ml cada) do cateter da artéria carótida imediatamente antes e entre 3 e 5 h de infusão de [^{2}H5]fenilalanina, [^{2}H2]tirosina e [1-^{13}C]leucina de meia em meia hora. As amostras de sangue foram transferidas para tubos de centrifugação heparinizados com sódio e arrefecidos com gelo picado até à centrifugação, sendo depois centrifugadas a 10000 x g durante 10 minutos a 2° C (RS-18IV, Tomy, Japão) e o plasma armazenado a -30° C até análise posterior.

Calorimetria de circuito aberto

A produção de CO2 e a produção de calor metabólico (HP) foram determinadas utilizando uma calorimetria de circuito aberto (Metabolic monitor, Coast Electronics, Kent, UK). Uma alíquota de CO2 exalado foi aprisionada em 4 ml de NaOH 1N a cada 30 minutos imediatamente antes e entre 3 e 5 horas após o início da infusão do isótopo [1-^{13} C]leucina para a determinação do enriquecimento de CO_2 ^{13} .

Análises químicas

O azoto nas dietas, fezes e urina foi analisado com a medição de amoníaco N por um método colorimétrico (Weatherburn, 1967) após digestão de Kjeldahl. Os aminoácidos plasmáticos e os α-cetoácidos foram separados e derivados para os derivados de *N-metil-N-t-butil-dimetilsililtrifluoroacetamida* (MTBSTFA) de acordo com os procedimentos de Rocchiccioli et al. (1981) e Calder e Smith (1988) para a determinação dos enriquecimentos isotópicos da [^{2} H5]fenilalanina, [^{2} H5]tirosina, [^{2} H2]tirosina, [1-^{13} C]leucina, α-[1-^{13} C]KIC plasmáticos, tal como descrito anteriormente (Sano et al, 2004). As concentrações plasmáticas de fenilalanina, tirosina e leucina, bem como os enriquecimentos plasmáticos destes aminoácidos, foram determinados da seguinte forma. Para a fenilalanina e a tirosina, o plasma (1 mL) foi desproteinizado adicionando 1 mL de ácido sulfossalicílico a 4% e 100 µL de uma solução de α-metil-fenilalanina (mPhe) e α-metil-tirosina (0,5 mmol/L cada) como padrões externos para as medições das concentrações plasmáticas de fenilalanina e tirosina. Após centrifugação duas vezes (12000 ×g, a 0° C durante 10 min), o sobrenadante foi aplicado a uma coluna constituída por 0,5 mL de resina de permuta catiónica (Dowex 50W×8 (forma de hidrogénio, H^+), 200-400 mesh) e, em seguida, a coluna foi lavada com água destilada (2×1 mL). Em seguida, passou-se NH4OH 4 mol/L (2 ×1 mL) através da coluna e, finalmente, a coluna foi lavada com 1 mL de água destilada. Em seguida, o,5 mL do eluente resultante foi obtido num frasco de vidro com tampa de rosca e foi seco num dessecador contendo H_2 SO_4 no interior. Após a secagem, 25 µL de acetinitrilo:MTBSTFA (1:1) foram secos a 80° C durante 20 min numa estufa de ar forçado e, finalmente, (excesso de % de átomos) foram medidos por um método de monitorização selecionada de ionização por impacto de electrões utilizando um sistema de espetrometria de massa por cromatografia gasosa (QP-2010, Shimadzu, Quioto, Japão). Foram monitorizados os seguintes iões: m/z 336 e 341 para a fenilalanina e [^{2} H5]fenilalanina, e m/z 466, 468 e 470 para a tirosina, [^{2} H2]tirosina e [^{2} H4]tirosina, respetivamente.

Para leucina e CCI, o plasma (1 mL) foi desproteinizado pela adição de 1 mL de ácido sulfossalicílico a 4% e 100 µL de n-leucina (0,5 mmol/L) e 100 µL de ácido cetoisovalérico (0,05 mmol/L) como padrões externos para as medições das concentrações plasmáticas de leucina e CCI. Depois de mantido no frigorífico durante 30 minutos e depois centrifugado duas vezes (12000 ×g, a 0° C durante 10 min), o sobrenadante foi aplicado a uma coluna constituída por 0,5 mL de resina de permuta catiónica (Dowex 50W×8 (forma de hidrogénio, H^+), 200-400 mesh) e depois a coluna foi lavada com água destilada (2×0,5 mL). O sobrenadante foi então utilizado para a análise de CCI. Depois disso, a coluna foi lavada com 1 mL de água destilada. Em seguida, passou-se NH4OH 4 mol/L (2 ×1 mL) através do colum e, finalmente, o colum foi lavado com 1 mL de água destilada. Em seguida, o,5 mL do eluente resultante foi obtido num frasco de vidro com tampa de rosca para análise da leucina e foi seco num dessecador com H2SO4 no interior. A partir da fração KIC, 1 mL do eluente foi misturado com 0,5 mL de 1% de uma solução de ácido clorídrico de o-fenilenodiamina 4 mol num tubo de ensaio de vidro com tampa de rosca e seco durante 1 h a 90° C, seguido de arrefecimento durante 1 h à temperatura ambiente. Em seguida, 2 mL de acetato de etilo foram misturados por agitação vigorosa durante 1 min e centrifugados (1000 x g, a 4° C durante 10 min). Depois disso, o eluente foi seco com Na2SO4 anidro durante 2 h. Em seguida, o sobrenadante foi retirado para um tubo de ensaio de vidro com tampa de rosca e seco ao vácuo.

Após a secagem, foram adicionados 25 µL de acetinitrilo:MTBSTFA (1:1) às amostras de leucina e de KIC, que foram secas a 80° C durante 20 min numa estufa de ar forçado e, finalmente, (excesso de % de átomos) foram medidos por um método de monitorização selecionada de ionização por impacto de electrões utilizando um sistema de espetrometria de massa por cromatografia gasosa (QP-2010, Shimadzu, Quioto, Japão) (Figura 4.3). Foram monitorizados os seguintes iões: m/ z 302 e 303 para a leucina, m/ z 245 para o KVA e m/z 259 e 260 para o KIC, respetivamente. Foram analisadas diariamente soluções-padrão com rácios conhecidos de padrão externo e enriquecimentos conhecidos. As concentrações e os enriquecimentos isotópicos das amostras de plasma foram obtidos por comparação das áreas dos picos e das abundâncias das áreas dos picos, respetivamente, com as das curvas padrão.

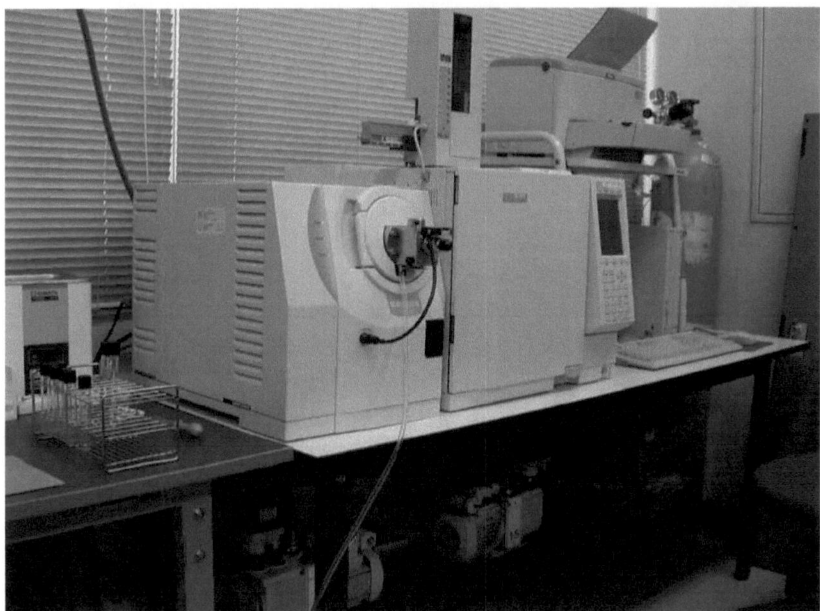

Figura 4.3. Sistema de cromatografia gasosa de espetrometria de massa (QP-2010, Shimadzu, Quioto,

Japão). Coluna HR-1, temperatura da coluna 150° C durante 6 min, 35° C/min, 300° C durante 5 min; temperatura de entrada 275° C; temperatura da interface e da fase móvel iónica 250° C.

A abundância isotópica de^{13} co2 foi determinada por cromatografia gasosa de combustão-espetrometria de massa e espetrometria de massa de razão isotópica (Figura 4.4) (DELTA^{plus} , Thermo Electron Corp., Waltham, MA, EUA). As concentrações de aminoácidos no plasma foram determinadas com um analisador automático de aminoácidos (JLC-500/V, JEOL, Tóquio, Japão). Resumidamente, 1 ml de plasma sanguíneo foi misturado com ácido sulfosalicílico e mantido durante a noite no frigorífico. Em seguida, foi centrifugado a 1000 x g e o sobrenadante foi seringado através de um filtro HV de 0,45 µm (Nihon Millipore Ltd.,

Yonezawa, Japão). Em seguida, foram utilizados cerca de 50 µL de filtrado para a determinação da concentração de aminoácidos e de ureia. A glutamina, o triptofano e a asparagina foram utilizados para completar o calibrador de aminoácidos.

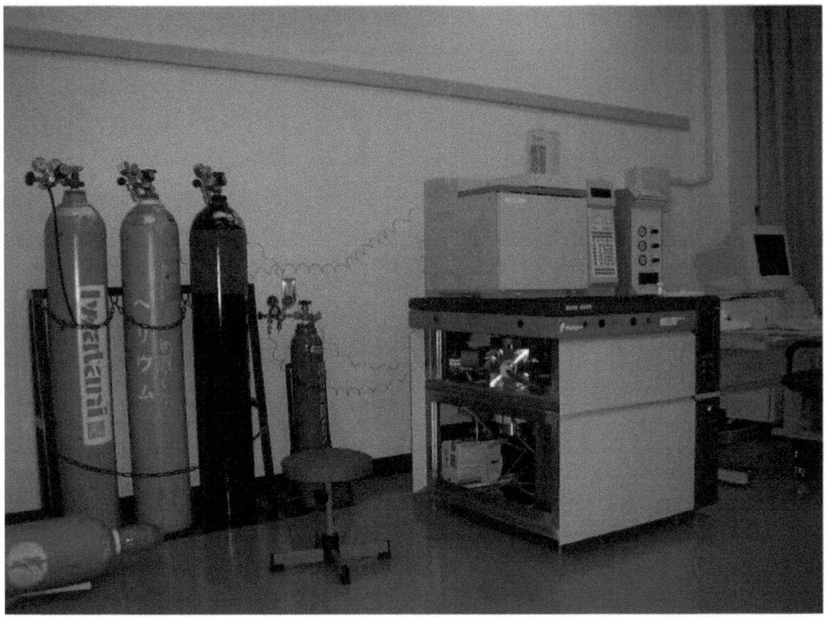

Figura 4.4. Cromatografia gasosa-espetrometria de massa e espetrometria de massa de razão isotópica (DELTA^plus , Thermo Electron Corp., Waltham, MA, EUA). Coluna Pora PLOT Q; gás vetor He; temperatura da coluna 30° C durante 5 min. Entrada, temperatura inicial e final 30° C.

Cálculos

Foram utilizados valores médios com erros-padrão das médias (SEM). As taxas de rotação (TR) da fenilalanina (PheTR), tirosina (TyrTR) e leucina (LeuTR) e de oxidação (OX) da fenilalanina (PheOX) e da leucina (LeuOX), o WBPS, o WBPD e o balanço de N foram calculados em condições de estado estacionário (Figura 4.5) utilizando as equações descritas por Thompson et al. (1989), Krishnamurti e Janssens (1988) e Harris et al. (1992).

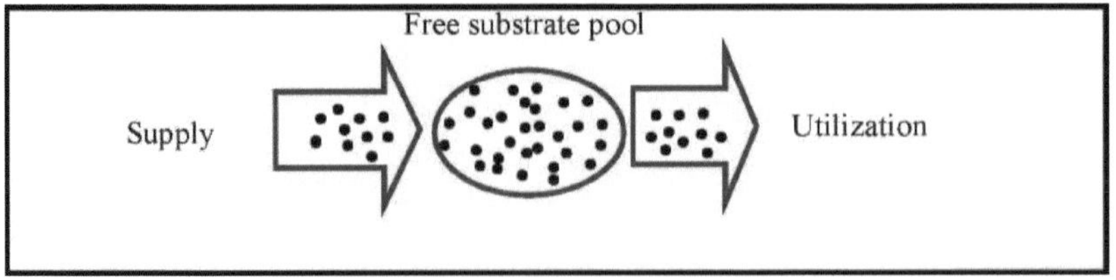

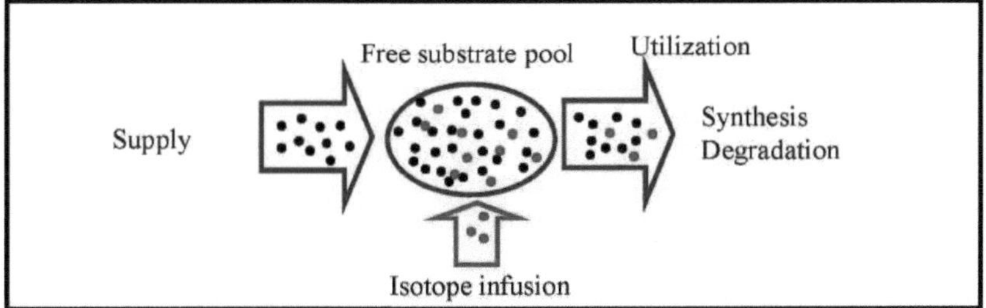

Fluxo=Abastecimento=Utilização

Figure 4.5. O diagrama esquemático que descreve o estado estacionário dos nutrientes plasmáticos no corpo animal. · = nutrientes, =os nutrientes com forma isotópica ou traçadores.

$$TR = I \times (1/E - 1)$$

Em que I é a taxa de infusão de cada isótopo e E é o respetivo enriquecimento de isótopos no plasma durante o estado estacionário.

$$LeuOX = E_{CO2}/E_{Leu}/0.81 \times V_{CO2}$$

Em que E_{CO2} é o enriquecimento isotópico do $^{13}CO_2$ exalado e V_{CO2} é a taxa de produção de CO_2.

A fração de recuperação do CO_2 exalado para a produção de CO_2 no corpo do animal foi estimada em 0,81, tal como utilizado (Sano et al., 2004).

O WBPS calculado a partir do método $[1-^{13}C]$leucina ($WBPS_{leu}$) foi obtido do seguinte modo:

$$WBPS_{leu} = (LeuTR - LeuOX)/\text{leucine concentration in carcass protein}$$

$$WBPD_{leu} = WBPS_{leu} - NB \times 6.25$$

A taxa de hidroxilação da fenilalanina (a taxa de conversão da fenilalanina em tirosina, PheOX) foi calculada conforme descrito por Thompson et ai. (1989).

$$PheOX = TyrTR \times (E_{tyr}/E_{phe}) \times (PheTR/(I_{phe} + PheTR))$$

Em que, E_{phe} e E_{tyr} são os respectivos enriquecimentos de piasma de $[^2H5]$feniianina e $[^2H4]$tirosina, e I_{phe} é a taxa de infusão de $[^2H5]$feniianina. O WBPS caicuiado a partir de $[^2H5]$feniiaianina modei ($WBPS_{phe}$) foi derivado como foiiows:

$$WBPS_{phe} = (PheTR - PheOX)/\text{phenylalanine concentration in carcass protein}$$

$$WBPD_{phe} = WBPS_{phe} - NB \times 6.25$$

A síntese de proteínas corporais integrais foi calculada assumindo que os teores de feniaianina e ieucina da proteína corporal são 0,035 e 0,066 g/g PC, respetivamente (Harris et ai., 1992).

A síntese de proteína corporal total e a WBPD foram calculadas a partir da relação entre o fluxo de proteína corporal total (WBPF), a absorção de N e a excreção urinária de N, de acordo com as equações descritas por Schroeder et ai. (2006), como segue:

WBPS= WBPF - (excreção urinária de N x 6,25)

WBPD= WBPF - (N absorvido x 6,25)

O WBPF foi obtido dividindo o PheTR e o LeuTR por 0,035 e 0,066, respetivamente (Harris et ai., 1992).

A produção de calor metabólico foi determinada de acordo com a equação de Brouwer (1965), com uma ligeira modificação efectuada por Young et al. (1975).

HP (kcal) = 3,866 x consumo de O_2 (L) + 1,2 x produção de CO_2 (L)

Análise estatística

Todos os dados foram analisados com o procedimento MIXED do SAS (1996). O desenho cruzado foi utilizado para testar os efeitos do período e da dieta. O desenho cruzado também foi utilizado para testar os efeitos do período e do método. O efeito aleatório foi a ovelha. Os resultados foram considerados significativos ao nível de $P<0,05$, e uma tendência foi definida como $0,05< P<0,10$.

Resultados

Balanço de azoto, aminoácidos livres no plasma e HP

O ganho de peso corporal durante o período experimental tendeu a ser mais elevado ($P= 0,06$) para a dieta H do que para a dieta M (Quadro 4.1).

Tabela 4.1. Efeito da ingestão alimentar na ingestão, equilíbrio e digestibilidade do azoto e na produção de calor metabólico (HP) em ovinos

	Tratamento*		SEM#	Valor P
	M-dieta	Dieta H		
N.º de ovinos	4	4		
Peso corporal (kg)	44	46	2	0.43
Ganho de peso corporal (kg/d)	-0.23	0.18	0.07	0.06
Ingestão de azoto (g/kg$^{0.75}$ /d)	0.84	1.25	0.08	0.0008
N nas fezes (g/kg$^{0.75}$ /d)	0.16	0.35	0.04	0.01
Absorção de N (g/kg$^{0.75}$ /d)	0.69	0.90	0.05	0.05
N na urina (g/kg$^{0.75}$ /d)	0.27	0.30	0.02	0.13

Balanço de N (g/kg$^{0.75}$ /d)	0.42	0.60	0.04	0.08
Digestibilidade do azoto (%)	81	72	3	0.07
HP (kcal/kg BW^{075} Zh)	2.8	3.4	0.3	0.40

*Dieta M: 103 kcal EM/kg$^{0.75}$ /d, dieta H: 151 kcal EM/kg$^{0.75}$ /d.

[#] Erros-padrão das médias, N: azoto.

A ingestão de azoto e a excreção de azoto através das fezes foram significativamente mais elevadas (P= 0,0008 e P= 0,01, respetivamente) para a dieta H do que para a dieta M. Por outro lado, a excreção de azoto através da urina não diferiu significativamente (P= 0,13) entre os tratamentos dietéticos. O balanço de azoto tendeu a ser mais elevado (P= 0,08), mas a digestibilidade do N tendeu a ser mais baixa (P= 0,07) para a dieta H do que para a dieta M.

O HP foi numericamente mais elevado (P= 0,40) para a dieta H do que para a dieta M. As concentrações de aminoácidos livres no plasma permaneceram inalteradas entre os tratamentos dietéticos (Quadro 4.2).

Quadro 4.2. Efeito da ingestão alimentar nas concentrações plasmáticas de aminoácidos em ovinos

µmol/L	Tratamento*		SEM#	Valor de p
	M-dieta	Dieta H		
N.º de ovinos	4	4		
Arg	66	84	8	0.38
O seu	37	34	4	0.23
Ile	40	46	4	0.21
Leu	61	67	6	0.25
Lys	58	67	8	0.41
Met	7	8	1	0.41
Phe	25	28	2	0.18
Thr	101	119	17	0.20
Val	83	105	8	0.22
Ala	120	116	12	0.94
Glu	39	35	3	0.43
Glicose	462	353	75	0.36
Profissional	51	57	5	0.14
Ser	109	88	14	0.13

Asn	24	29	3	0.50
Gln	177	195	20	0.47
Tyr	33	41	4	0.88
Trp	18	20	2	0.26

*Dieta M: 103 kcal EM/kg$^{0.75}$/d, dieta H: 151 kcal EM/kg$^{0.75}$/d.

[#] Erros-padrão das médias.

Síntese e degradação de proteínas

As concentrações plasmáticas de fenilalanina, tirosina, leucina e α-KIC e os enriquecimentos isotópicos do plasma [^{2}H5]fenilalanina, [^{2}H4]tirosina, [^{2}H2]tirosina, [1-^{13}C]leucina e α-[1-^{13}C]KIC foram estáveis durante as últimas 2 h de infusão (dados não apresentados). O enriquecimento do CO_2 exalado[13] também foi estável durante o período correspondente. A taxa de renovação da fenilalanina tendeu a ser mais elevada (P= 0,07) para a dieta H do que para a dieta M, ao passo que a da tirosina foi numericamente mais elevada (P= 0,18) para a dieta H do que para a dieta M (Tabela 4.3). A taxa de hidroxilação da fenilalanina no plasma foi também numericamente mais elevada (P= 0,17) na dieta H do que na dieta M.

Quadro 4.3. Efeitos da ingestão alimentar sobre as taxas de renovação e oxidação da leucina e da fenilalanina e sobre a síntese e degradação de proteínas em todo o corpo (WBPS) e (WBPD) em ovinos

	Tratamentos*		SEM#	Valor de p
	M-dieta	Dieta H		
N.º de ovinos	4	4		
Fenilalanina				
Concentração (μmol/L)	32	33	1	0.62
Taxa de renovação (μmol/kg^{075}/h)	106	130	6	0.07
Taxa de hidroxilação (μmol/kg^{075}/h)	10	14	1	0.17
WBPS (g/kg$^{0.75}$/d)	10.8	13.1	0.6	0.08
WBPD (g/kg$^{0.75}$/d)	8.2	9.4	0.5	0.33
Tirosina				
Concentração (iimol. L)	39	42	2	0.20
Taxa de renovação (μmol/kg^{075}/h)	114	148	11	0.18
Leucina				
Concentração (μmol/L)	89	103	5	0.07

Taxa de renovação (μmol/kg^{075}/h)	223[a]	265	11	0.009
Taxa de oxidação (μmol/kg^{075}/h)	36[b]	52	7	0.23
WBPS (g.kg$^{0.75}$.d)	8.9	10.3	0.5	0.12
WBPD (g.kg$^{0.75}$.d)	6.3	6.6	0.6	0.69
α-KIC^				
	13	11	1	0.06
Concentração (μmol/L)	345	378	11	0.02
Taxa de renovação (μmol/kg^{075}/h)	54	75	10	0.30
Taxa de oxidação (μmol/kg^{075}/h)	13.8	14.7	0.5	0.37
WBPS (g.kg$^{0.75}$.d)	11.2	11.0	0.6	0.79
WBPD (g.kg$^{0.75}$.d)				

*Dieta M: 103 kcal EM/kg^{075}/d, H-diet: 151 kcal EM/kg^{075}/d.

Erros padrão das médias; αKetoisocaproato.

[a] Significativamente mais baixa (P<0,0001),[b] tendeu a ser mais baixa (P= 0,06) do que a de α-[1-^{13}C]KIC.

As taxas plasmáticas de LeuTR e LeuOX calculadas a partir do enriquecimento plasmático de [1-^{13}C]leucina foram inferiores (P<0,0001) e tenderam a ser inferiores (P= 0,06), respetivamente, às calculadas a partir do enriquecimento plasmático de α-[1-^{13}C]KIC em ambos os tratamentos dietéticos. As taxas de LeuTR plasmáticas calculadas a partir do enriquecimento plasmático de [1-^{13}C]leucina e α-[1-^{13}C]KIC foram mais elevadas (P= 0,009 e P= 0,02, respetivamente) para a dieta H do que para a dieta M. A LeuOX calculada a partir do enriquecimento plasmático de [1-^{13}C]leucina e α-[1-^{13}C]KIC foi numericamente mais elevada (P= 0,23 e P= 0,30, respetivamente) para a dieta H do que para a dieta M.

O WBPS e o WBPD calculados pelo modelo [^{2}H5]fenilalanina tenderam a ser mais elevados (P= 0,08) e foram numericamente mais elevados (P= 0,33), respetivamente para a dieta H do que para a dieta M. No entanto, o WBPS e o WBPD calculados a partir dos enriquecimentos plasmáticos de α-[1-^{13}C]KIC mantiveram-se semelhantes (P= 0,37 e P= 0,79, respetivamente) entre os tratamentos dietéticos, e os calculados a partir dos enriquecimentos plasmáticos de [1-^{13}C]leucina foram numericamente mais elevados (P= 0,12) para a dieta H do que para a dieta M e mantiveram-se semelhantes (P= 0,69), respetivamente entre os tratamentos dietéticos.

O WBPS e o WBPD (valores combinados das dietas H e M) calculados a partir do modelo [^{2}H5]fenilalanina foram significativamente inferiores (P= 0,009 e P= 0,003, respetivamente) aos do método [1-^{13}C]leucina, no qual foi utilizado o enriquecimento plasmático de α-[1-^{13}C]KIC (figura 4.6).

Tanto no modelo da [^{2}H5]fenilalanina como no método da [1-^{13}C]leucina, o WBPS foi tendencialmente mais elevado (P= 0,07 e P= 0,06, respetivamente) e o WBPD foi numericamente mais elevado (P= 0,25 e P= 0,14, respetivamente) para a dieta H do que para a dieta M (Quadro 4.4) quando calculado utilizando a equação descrita por Schroeder et al. (2006).

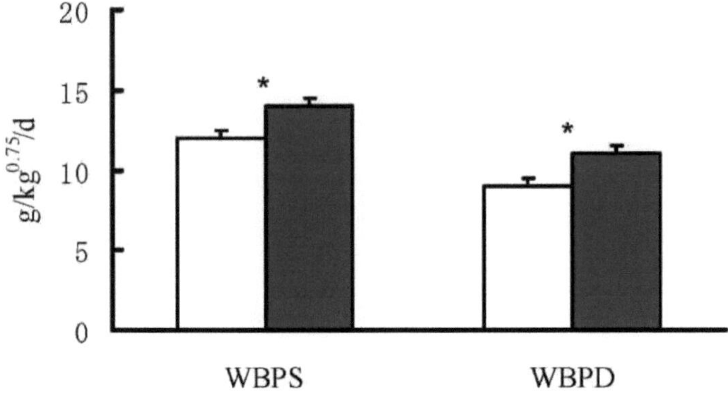

Figure 4.6. Comparação da síntese (WBPS) e da degradação (WBPD) de proteínas em todo o corpo (g/kg de peso corporal$^{0.75}$ /d, valores agrupados das dietas M e H) entre o modelo [^{2} H5]fenilalanina (barras abertas) e o método [1-^{13} C]leucina (barras cheias).

*P< 0.01

No caso do modelo da [^{2} H5]fenilalanina, o EBPS e o DPB foram semelhantes (P= 0,63 e 0,52, respetivamente) entre as equações descritas por Schroeder et al. (2006) e Thombson et al. (1989). No entanto, no caso do método da [1-^{13} C]leucina, a PEPV e a PEPD foram mais elevadas (P= 0,03 e 0,01, respetivamente) para as equações descritas por Schroeder et al. (2006) do que as de Krishnamurti e Janssens (1988).

Tabela 4.4. Efeitos da ingestão alimentar na síntese e degradação de proteínas no corpo inteiro (WBPS) e (WBPD) calculados de acordo com a equação descrita anteriormente (Schroeder et al., 2006) em ovinos

	Tratamentos*		SEM#	Valor de p
	M-dieta	Dieta H		
N.º de ovinos	4	4		
Fenilalanina				
WBPS (g/kg$^{0.75}$ /d)	10.3	12.8	0.6	0.07
WBPD (g/kg$^{0.75}$ /d)	7.7	9.1	0.5	0.25
Leucina				
WBPS (g/kg$^{0.75}$ /d)	9.0	10.7	0.4	0.002
WBPD (g/kg$^{0.75}$ /d)	6.3	7.0	0.4	0.16
α-KIC^				

	14.8	16.1	0.4	0.06
WBPS (g/kg$^{0.75}$ /d)	12.2	12.4	0.3	0.14
WBPD (g/kg$^{0.75}$ /d)				

Erros-padrão das médias.

☆ α-Ketoisocaproato.

Discussão

A presente experiência foi realizada para aceder ao modelo da [^{2} H5]fenilalanina em ovinos, comparando-o diretamente com o método isotópico da [1-^{13} C]leucina amplamente utilizado, *in vivo,* para a determinação do WBPS e do WBPD. O modelo da [^{2} H5]fenilalanina é menos fastidioso, uma vez que não é necessário determinar a produção de CO_2 exalado, para a determinação do WBPS em ruminantes (Fujita et al., 2006). No entanto, Zello et al. (1994) afirmaram que a utilização do modelo da [^{2} H5]fenilalanina *in vivo* pode não ser adequada quando estão envolvidos mecanismos de transporte celular, porque a [^{2} H5]fenilalanina resultou num enriquecimento isotópico significativamente mais elevado na urina do que no plasma de homens adultos. Lobley et al. (2003) utilizaram uma infusão contínua de [1-^{13} C]fenilalanina e [^{2} H4]tirosina para determinar tanto a oxidação em CO_2 como a hidroxilação em tirosina da fenilalanina em borregos, e afirmaram que o valor da oxidação da fenilalanina calculado com base na hidroxilação em tirosina era inferior ao calculado a partir da produção de^{13} CO_2. Para corrigir a subestimação resultante destes problemas, alguns destes investigadores em estudos humanos adoptaram factores de correção derivados empiricamente (Millward et al., 1991; Marchini et al., 1993; Pacy et al., 1994). No entanto, o fator de correção proposto para os seres humanos não pôde ser aplicado diretamente aos ruminantes. Além disso, Fujita et al. (2006) utilizaram o modelo [^{2} H5]fenilalanina para determinar o WBPS em cabras adultas sem utilizar o fator de correção. Por conseguinte, o fator de correção não foi também utilizado no presente estudo.

Transformação e oxidação de aminoácidos plasmáticos

O LeuTR plasmático mais baixo calculado a partir do enriquecimento em [1-^{13} C]leucina do plasma do que o enriquecimento em α-[1-^{13} C]KIC do plasma foi comparável ao resultado anterior encontrado por Sano et al. (2004) em ovinos, alimentados com diferentes níveis de PC com uma dieta isoenergética. Harris et al. (1992) utilizaram os isótopos [^{3} H]- e [U-^{14} C]fenilalanina e [1-^{13} C]leucina para determinar o metabolismo proteico em ovinos em crescimento com diferentes níveis de ingestão alimentar, e afirmaram que o PheTR e o LeuTR aumentaram significativamente com o aumento da ingestão alimentar (300, 600 e 900 g de erva/dia, respetivamente). Savary-Auzeloux et al. (2003) utilizaram uma mistura de aminoácidos [U-^{13} C] em ovinos alimentados com diferentes níveis de ingestão alimentar e afirmaram que a taxa de perda irreversível do plasma (ILR) aumentou com o aumento da ingestão alimentar e que os valores absolutos da WBPF variaram entre os aminoácidos. Noutro estudo, foi referido que a PheTR e a LeuTR variavam entre ovinos alimentados e em jejum (Connell et al., 1997).

Comparação da síntese e degradação de proteínas

Na presente experiência, o enriquecimento plasmático α-[1-^{13} C]KIC foi utilizado para comparar com o modelo [^{2} H5]fenilalanina. Porque o rácio de enriquecimento plasmático α-[1-^{13} C]KIC para [1-^{13} C]leucina foi semelhante aos dados encontrados numa experiência anterior em ovinos (Sano et al., 2004), na qual explicaram que o α-[1-^{13} C]KIC é o verdadeiro precursor do metabolismo intracelular da leucina.

Os valores numéricos de WBPS calculados a partir do enriquecimento plasmático da [^{2} H5]fenilalanina no presente estudo foram comparáveis aos de Fujita et al. (2006). Além disso, os valores de WBPS e WBPD encontrados por Harris et al. (1992) também foram comparáveis aos dos nossos resultados. As suas conclusões estão de acordo com os presentes resultados. Pelo contrário, com uma combinação isotópica diferente, Lobley et al. (2003) utilizaram a [1-^{13} C]fenilalanina e a [1-^{13} C]leucina para determinar o WBPS em ovinos, alimentados com 1,4 vezes a ingestão de energia de manutenção a intervalos de uma hora. Afirmaram que o SBM determinado utilizando o enriquecimento plasmático de [1-^{13} C]leucina e [1-^{13} C]fenilalanina era semelhante no estudo.

Embora o WBPS e o WBPD calculados a partir do modelo da [^{2} H5]fenilalanina fossem significativamente inferiores aos do método da [1-^{13} C]leucina no presente estudo, os valores absolutos do WBPS e do WBPD eram comparáveis. Além disso, a tendência do WBPS e do WBPD da dieta M para a dieta H foi aparentemente comparável entre o modelo da [^{2} H5]fenilalanina e o método da [1-^{13} C]leucina.

No entanto, os valores variam consoante a utilização dos respectivos teores de aminoácidos na proteína da carcaça durante o cálculo do WBPS. No presente estudo, os teores de fenilalanina e de leucina na proteína corporal dos ovinos foram considerados como sendo 0,035 e 0,066 g/g PC, respetivamente (Harris et al., 1992) durante o cálculo do WBPS. No entanto, noutro estudo, Connell et al. (1997) utilizaram 0,036 e 0,068 g/g PC para as concentrações de fenilalanina e leucina na proteína corporal dos ovinos, respetivamente. Harris et al. (1992) afirmaram que a taxa de síntese proteica baseada na leucina era mais elevada do que a baseada na fenilalanina proveniente do mesmo pool.

A síntese proteica do corpo inteiro, calculada a partir do enriquecimento plasmático de [^{2} H5]fenilalanina, tendeu a ser mais elevada, e a síntese proteica a partir de α-[1-^{13} C]KIC foi numericamente mais elevada para a dieta H do que para a dieta M, o que poderá dever-se a uma maior ingestão de energia. Fujita et al. (2006) determinaram o WBPS utilizando o modelo [^{2} H5]fenilalanina e verificaram que o WBPS aumentava com o aumento da ingestão de energia na dieta de cabras adultas. O WBPS também aumentou com a ingestão de alimentos não proteicos em suínos (Reeds et al., 1981) e pintos (Kita et al., 1989). Além disso, num estudo anterior, o WBPS diminuiu numericamente com o aumento da ingestão de PC em ovinos alimentados com uma dieta isoenergética (Sano et al., 2004).

Comparação de equações para o cálculo da síntese e degradação de proteínas

No caso do modelo [^{2} H5]fenilalanina, o WBPS e o WBPD foram comparáveis entre as equações descritas por Schroeder et al. (2006) e Thombson et al. (1989), o que pode dever-se em parte ao facto de a proporção de oxidação do carbono (C) ter contribuído de forma semelhante à da excreção de N. Ao passo que, para o método da [1-^{13}C]leucina, os valores mais elevados de WBPS e WBPD calculados utilizando a equação descrita por Schroeder et al. (2006) do que os de Krishnamurti e Janssens (1988) podem dever-se às diferenças na determinação do CO_2 exalado e da excreção urinária de N para o cálculo.

Capítulo 5

Efeitos da erva de plátano (*Plantago lanceolata* L.) e da exposição ao calor no metabolismo da glucose plasmática, na síntese e degradação de proteínas em todo o corpo de ovinos

Introdução

A exposição ao calor também influencia as concentrações de metabolitos no sangue e modifica as secreções endócrinas (Bell et al., 1987; Bell et al., 1989; Achmadi et al., 1993; Itoh et al., 2001). A exposição ao calor também reduz a produtividade através da modificação da função pré-natal e do desenvolvimento pré-natal e das secreções endócrinas (Bell et al., 1987; Bell et al., 1989; Achmadi et al., 1993).

Nos ruminantes, os hidratos de carbono da dieta são fermentados em ácidos gordos voláteis, a principal fonte de energia, por microrganismos no rúmen. Por conseguinte, pouca glucose é absorvida pelo trato digestivo e tem de ser fornecida através da gluconeogénese. O metabolismo da glucose é influenciado pelas condições nutricionais e fisiológicas (Buckley et al., 1982; Evans e Buchanan-Smith, 1975; Sano et al., 1983). Sano et al. (1983) também relataram que o metabolismo da glucose diminuiu durante a exposição ao calor. No entanto, até à data, o efeito da erva de plátano durante a exposição ao calor (HE) no metabolismo das proteínas em ovinos não foi relatado.

Por conseguinte, esperava-se que, devido à presença de componentes bioactivos, a banana-da-terra pudesse influenciar o metabolismo da glicose através da redução do stress térmico em ruminantes. Também se colocou a hipótese de que a banana-da-terra poderia melhorar a retenção de proteínas através das funções bioactivas (como mencionado na introdução geral). No entanto, até agora, tanto quanto sabemos, não foi relatado o efeito da erva da bananeira durante a HE no metabolismo intermédio da glicose e das proteínas em ovinos.

A presente experiência foi conduzida para determinar o efeito do plátano no metabolismo da glicose plasmática e na síntese e degradação de proteínas do corpo inteiro (SPPC) em ovinos durante a HE (30° C e 70% de humidade relativa (HR)), utilizando simultaneamente a técnica de diluição isotópica da [6, 6-^{2}H]glicose e da [1-^{13}C]leucina e um teste de balanço de azoto (BN). Outro objetivo era utilizar a equação descrita por Schroeder et al., (2006) para determinar o WBPS sem utilizar a oxidação dos componentes do carbono, mas sim do azoto, tal como utilizado no capítulo 4.

Materiais e métodos

Animais, dietas e exposição ao calor

Foram utilizadas seis ovelhas tosquiadas cruzadas (Corriedale x Suffolk) de ambos os sexos (*Ovis aries* L.), com cerca de 2 anos de idade e 28±2 kg de peso corporal (PC). As ovelhas foram alojadas em compartimentos individuais num estábulo para ovelhas durante o período de adaptação, as primeiras 2 semanas da experiência. Foram utilizados dois tratamentos dietéticos, um é um feno misto (MH-diet) de orchardgrass (*Dactylis glomerata* L.) e reed canarygrass (*Phalaris arundinacea* L.) (1,78 kcal ME/g de matéria seca (DM), 9,8% de proteína bruta (CP)) e outro é MH-diet: plantain (PL-diet, 9:1). Em ambos os tratamentos dietéticos, a ingestão de energia metabolizável (EM) e a ingestão de proteína bruta foram concebidas para serem mantidas isoenergéticas e isoproteicas em torno do nível de manutenção (NRC, 1985). Os animais foram alimentados uma vez por dia, às 14:00 horas, e geralmente comiam tudo no espaço de 1 hora, embora a manjedoura fosse mantida até à manhã seguinte. A água estava disponível ad libitum. A experiência foi efectuada com base num modelo cruzado, com dois períodos de 23 dias em que foram fornecidas as dietas MH ou PL. Três ovelhas foram alimentadas com a dieta MH durante o primeiro período e depois com a dieta PL durante o segundo período, mas as outras três foram alimentadas na ordem inversa. No 15° dia, os animais foram transferidos para gaiolas metabólicas numa câmara de ambiente controlado a uma temperatura do ar de 20±1° C, 70% de humidade relativa (HR) e com iluminação das 08:00 h às 22:00 h. Foram realizados dois métodos de diluição isotópica utilizando [6, 6-^{2} H]glucose e [1-^{13} C]leucina no 18° dia de cada período de dieta para determinar o metabolismo da glucose plasmática e o WBPS e WBPD no ambiente termoneutro (TN, 20±1° C). A temperatura ambiente foi depois elevada e mantida a 28-30° C (HE), 70% HR com iluminação das 08:00 h às 22:00 h e durante 5 dias, tendo sido efectuados os mesmos métodos de diluição isotópica no 5th dia de HE. As ovelhas foram pesadas no início da experiência, no 14° dia da experiência e após a conclusão de cada tratamento ambiental. No entanto, um grupo de animais não foi pesado após o fim do tratamento TN. Assim, utilizámos os dados relativos ao peso corporal apenas no início da experiência, no dia 14 e após o fim dos tratamentos dietéticos.

Dois cateteres, um para infusão de isótopos e outro para recolha de sangue, foram inseridos nas veias jugulares esquerda e direita na manhã de cada determinação do método de diluição de isótopos. Os cateteres foram enchidos com uma solução estéril de citrato trissódico (0,13 mol/L). As colheitas de sangue foram efectuadas sem que as ovelhas sofressem qualquer stress. O manuseamento dos animais, incluindo a canulação e a colheita de sangue, foi efectuado de acordo com as regras e regulamentos estabelecidos pelo Comité de Cuidados com os Animais da Universidade de Iwate.

Procedimentos experimentais

Colheita de fluido ruminal, urina e fezes

A temperatura rectal foi medida às 14:00 h durante 3 dias durante a exposição à temperatura neutra e ao calor. No dia 4, quando o animal foi transferido para o galpão controlado em TN e no dia 4 de calor de cada tratamento dietético, o fluido ruminal (50 mL) foi retirado 2 h após a alimentação através de uma sonda gástrica (Figura 5.1). Durante 3 dias sucessivos entre 15 e 17 durante o TN e entre 2 e 4 durante o HE de cada tratamento dietético, a urina e as fezes foram recolhidas separadamente através de um filtro de plástico de 3 mm como separador uma vez por dia para determinação do NB. A urina foi recolhida para um balde contendo 50 mL de H2SO4 6N, o volume foi registado e uma alíquota (50 mL) foi armazenada a -30°C até análise posterior. As fezes foram secas a 60° C durante 48 h e depois colocadas à temperatura ambiente durante 5 d. Em seguida, as amostras secas ao ar foram pesadas e trituradas numa peneira de 1 mm e as subamostras foram armazenadas a -30° C até à análise do N.

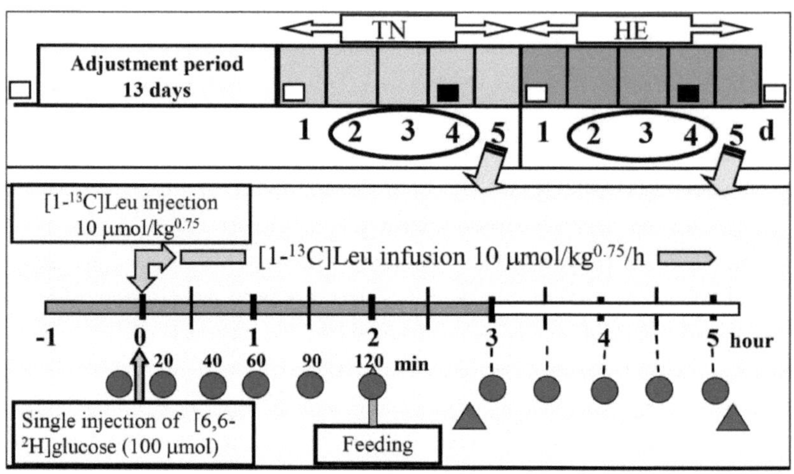

Figure 5.1. The experimental layout showing sampling protocol.

●, Blood; ▲, Heat production; ⬭, Heart, rectal temperature, respiration rate.

□, Body weight; ■, Rumen liquor; TN, thermoneutral (20°C); HE, heat exposure (30°C).

Aplicação de técnicas de diluição de isótopos

Os procedimentos de diluição isotópica para a determinação do metabolismo da glucose plasmática e do WBPS e WBPD foram efectuados simultaneamente no 5th dia em que o animal foi transferido para a casa de controlo na TN e no 5th dia da HE. Às 12:00 h do dia do método de diluição isotópica, 100 µmol de [6, 6-^{2}H]glucose (D-glucose, 6, 6-D$_2$, 99 atom% excesso de D, Isotec, A Matheson, USA Co, Miamisburg, EUA) dissolvido em 10 mL de solução salina (0,15 mol de cloreto de sódio/L) e 10 µmol/kgBW $^{\prime 07}$ 5 de [1-^{13}C]leucina (L-Ieucina-I-^{13} C, excesso mínimo de 99 átomos %^{13} C; Cambridge Isotope Laboratories, Inc., EUA), também dissolvida em 10 ml de solução salina (0,15 mol de cloreto de sódio/L), foi injetada no cateter de infusão jugular como dose de preparação. A [1-^{13} C]leucina (4 mmol / L em 0,9% (p / v) de solução de cloreto de sódio) foi então continuamente infundida por uma bomba peristáltica multicanal (AC-2120, Atto, Japão) a uma taxa de 10 µmol/kg BW^{075} Zh através do mesmo cateter por 5 h. Amostras de sangue (5 mL) foram então coletadas do cateter de amostragem imediatamente antes e aos 20, 40, 60, 90 e 120 minutos após a injeção do isótopo para a determinação da concentração plasmática de glicose, tamanho do pool e taxa de turnover. Também foram colhidas amostras de sangue (5 ml) do cateter de amostragem imediatamente antes e às 3, 3,5, 4, 4,5 e 5 h após o início da infusão de [1-^{13} C]leucina para a determinação das concentrações plasmáticas de leucina e α-KIC e dos enriquecimentos isotópicos. As amostras foram transferidas para tubos de centrifugação heparinizados e foram arrefecidas até à centrifugação.

Análises químicas

Parâmetros relacionados com a glucose no plasma

As amostras de sangue foram centrifugadas a 12 000 x g durante 10 minutos a 2^0 C (RS-18 IV, Tomy,

Tóquio, Japão) e o plasma foi armazenado a -30º C até análise posterior. O isolamento e a derivatização da glucose plasmática foram efectuados segundo o procedimento de Tserng e Kalhan (1983) e Wolfe (1984), com ligeiras modificações. A abundância isotópica do derivado de glucose foi determinada com um sistema de espetrometria de massa por cromatografia gasosa, como se mostra no capítulo 4 (QP-2010, Shimadzu, Quioto, Japão), com monitorização de iões seleccionados. As concentrações de glucose no plasma foram determinadas enzimaticamente pelo método de Huggett e Nixon (1957). A concentração de ácidos gordos não esterificados (NEFA) no plasma foi determinada enzimaticamente com um kit (NEFA C test, Wako Pure Chemicals, Osaka, Japão).

Parâmetros relacionados com a leucina no plasma

O azoto (N) nas dietas, fezes e urina foi analisado através da medição do amoníaco N por um método colorimétrico (Weatherburn, 1967) após digestão de Kjeldahl. O amoníaco N no fluido ruminal foi também determinado pelo mesmo método colorimétrico. A ureia ruminal foi medida utilizando um kit (Wako Pure Chemical Industries Ltd., Osaka, Japão). Os aminoácidos e os α-cetoácidos foram separados e derivados para os derivados de *t-butildimetilsilil de* acordo com os procedimentos de Rocchiccioli et al. (1981) e Calder e Smith (1988). A concentração plasmática de α-KIC e a abundância isotópica de α-[1-^{13} C]KIC no plasma foram determinadas por espetrometria de massa por cromatografia gasosa (QP-2010, Shimadzu, Japão) com monitorização de iões seleccionados. O ácido *α-cetovalérico* foi utilizado como padrão interno para a determinação da concentração plasmática de α-KIC. As concentrações plasmáticas de aminoácidos livres e de ureia foram determinadas com um analisador automático de aminoácidos (JLC-500/V, JEOL, Japão), tal como descrito no capítulo 4.

Cálculos

São apresentados os valores médios com os erros padrão das médias. A dimensão do pool de glucose plasmática e a taxa de renovação foram calculadas de acordo com uma análise de pool único (Wolfe, 1984). O pool amostrado representa o sangue, que está em rápido equilíbrio com o fluido intersticial (Schmidt e Keith, 1983).

A taxa de renovação da leucina no plasma (LeuTR) foi calculada utilizando as equações descritas por Wolfe (1984).

LeuTR = I x (I/E - 1)

Onde, I é a taxa de infusão do isótopo [1-^{13} C]leucina e E é o enriquecimento isotópico plasmático de α-[1-^{13} C]KIC durante o estado estacionário. Na presente experiência, o enriquecimento plasmático de α-[1-^{13} C]KIC foi utilizado para determinar o WBPS porque α-[1-^{13} C]KIC é o verdadeiro precursor do metabolismo intracelular da leucina, como foi explicado num estudo anterior (Sano et al., 2004).

O WBPS e o WBPD foram determinados a partir da relação entre o fluxo proteico do corpo inteiro (WBPF), a absorção de N e a excreção urinária de N, de acordo com as equações descritas por Schroeder et al. (2006), como se segue:

WBPF= LeuTR/0,066

WBPS= WBPF - (excreção urinária de N x 6,25)

WBPD= WBPF - (N absorção x 6,25)

O valor 0,066 corresponde à concentração de leucina na carcaça de ovinos, tal como descrito por Harris et al. (1992).

Análise estatística

Todos os dados foram analisados com o procedimento MIXED do SAS (1996). A expressão lsmeans foi utilizada para testar os efeitos do período, da dieta, do ambiente e da interação entre a dieta e o ambiente. O efeito aleatório foi ovelha. Os resultados foram considerados significativos ao nível de $P<0,05$, e uma tendência foi definida como $0,05< P<0,10$. A declaração repetida e o ajuste de Tukey-Kramer foram usados para o curso temporal das mudanças e a significância foi $P<0,05$ e $P<0,10$, respetivamente.

Resultados

Perfis diários

No caso da dieta PL, imediatamente após a alimentação, os animais começaram a comer primeiro a banana-da-terra e depois o feno. O peso corporal permaneceu comparável entre a dieta MH e a dieta PL e diminuiu numericamente ao longo do período experimental em ambos os tratamentos dietéticos e ambientais (Figura 5.2). A temperatura rectal foi mais elevada (P= 0,007) durante a exposição ao calor em ambas as dietas e houve uma tendência para ser mais elevada (P= 0,09) na dieta HM do que na dieta PL (Tabela 5.1). A concentração plasmática de NEFA diminuiu durante a exposição ao calor (P= 0,01), e permaneceu semelhante entre as dietas.

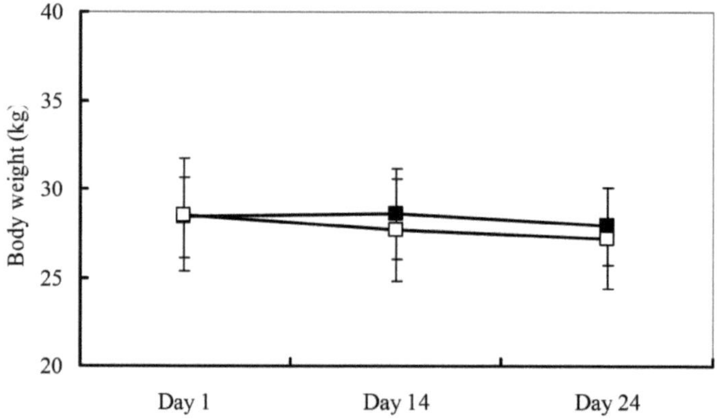

Figura 5.2. O peso corporal médio de seis ovelhas em ambas as dietas PL (■) e MH (□). Dia 14 = o animal foi transferido para uma casa com ambiente controlado em ambiente termoneutro (20° C, 70% RH); Dia 24 = após o término do tratamento dietético em exposição ao calor (30° C, 70% RH), respetivamente.

Metabolismo da glucose no plasma

As concentrações de glucose no plasma mantiveram-se constantes durante o período de 120 minutos em cada experiência (Figura 5.3). Os enriquecimentos de [6, 6-^{2} H]glucose no plasma diminuíram como uma função exponencial única de 20 min a 120 min após a injeção de [6, 6-^{2} H]glucose.

As concentrações de glucose no plasma não sofreram alterações com os tratamentos dietéticos e ambientais (P= 0,47 e P= 0,13, respetivamente, Quadro 5.2). O tamanho do pool de glucose no plasma foi numericamente inferior (P= 0,26) durante a exposição ao calor em ambos os tratamentos dietéticos, e numericamente superior (P= 0,13) na dieta MH, independentemente da temperatura ambiente. A taxa de renovação da glucose no plasma diminuiu (P= 0,03) durante a exposição ao calor, mas manteve-se semelhante entre as dietas (P= 0,52).

Quadro 5.1. Efeitos da suplementação com plátano e da exposição ao calor na frequência cardíaca, frequência respiratória, temperatura rectal e concentração plasmática de ácidos gordos não esterificados (NEFA) em ovinos

	Tratamento*Significância			
	MH-dieta	PL-dietaSEM		Dieta Env Dieta x
	TN HE TN	HEEnv		
N.º de ovinos	6666			
Temperatura rectal (º C)	39.640.039.440.00.10.530.0070.09			
NEFA (mmol/L)	0.240.180.250.150.030.750.010.45			

*__MH-diet=__ feno de orchardgrass e reed canarygrass (60:40); PL-diet= MH-diet e plátano (*Plantago lanceolata* L.) (9:1); TN= termoneutralidade (20º C); HE= exposição ao calor (30º C); SEM= erro padrão das médias; Env= ambiente; Diet x Env= interação entre dieta e ambiente.

**Valores médios das concentrações plasmáticas de glucose durante 120 minutos de cada experiência.

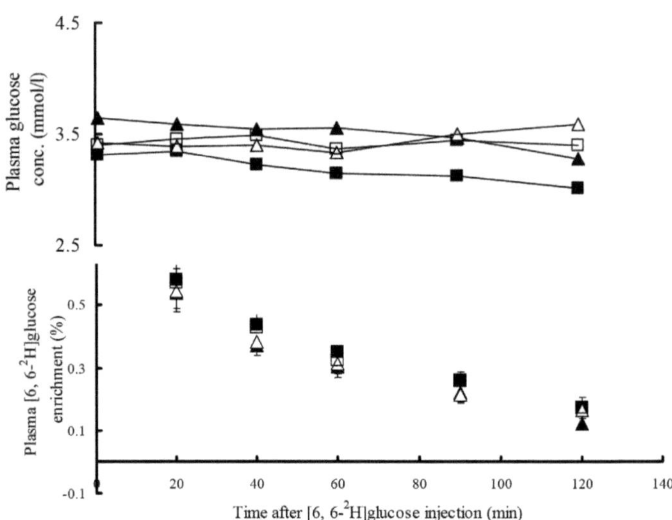

Figura 5.3. Curso de tempo das alterações nas concentrações plasmáticas de glicose e enriquecimentos plasmáticos de [6,6-^{2} H]glicose após uma única injeção de [6,6-^{2} H]glicose em ovelhas alimentadas com a dieta PL em termoneutralidade (▲) e exposição ao calor (■) e dieta MH em termoneutralidade (△) e exposição ao calor (□); conc.=concentração.

Quadro 5.2. Efeitos da suplementação com Plátano e da exposição ao calor na concentração, tamanho do pool e taxa de renovação da glucose plasmática em ovinos

	Tratamento*				Significado			
Dieta MH			PL-dieta		SEM	Dieta	Env	Dieta x Env
	TN	Calor	TN	Calor				
N.º de ovinos	6	6	6	6	0.03	0.47	0.13	0.20
Concentração de glicose (mmol/L)	**3.4	3.4	3.5	3.2				
Tamanho da piscina (mmol/kg BW)$^{0.75}$	2.3	2.1	2.1	1.9	0.1	0.13	0.26	0.95
Taxa de rotatividade (mmol/kg BW0$^{.75}$ /dia)	37	32	40	33	2	0.52	0.03	0.92

1Dieta MH= feno de erva de pomar e erva canária (60:40); Dieta PL= dieta MH e plátano (*Plantago lanceolata* L.) (9:1); TN= termoneutralidade (20° C); Calor= exposição ao calor (30° C); SEM= erro padrão das médias; Env= ambiente; Dieta x Env= interação entre dieta e ambiente; Conc.= concentração.

1Valores médios das concentrações de glucose no plasma durante 120 minutos de cada experiência.

Metabolismo da leucina no plasma

A ingestão de nitrogênio (p< 0,0001), a excreção urinária (P= 0,0003), a digestibilidade (P= 0,04), a amônia ruminal (P= 0,006) e a uréia ruminal (P= 0,0008) foram menores para a dieta PL do que para a dieta MH, mas a excreção fecal de N e NB permaneceu semelhante (P= 0,31 e 0,90, respetivamente) entre as dietas (Tabela 5.3). A excreção de azoto através das fezes foi mais baixa (P= 0,0009) e o NB (P= 0,003) e a digestibilidade aparente do N foram mais elevados (P= 0,002) durante o Calor em comparação com o TN. A maioria dos aminoácidos plasmáticos permaneceu comparável entre as dietas (exceto Val, Leu, His e Asn que foram mais baixos e Gly foi mais alto para a dieta PL do que para a dieta MH) e também entre os ambientes (exceto Asn e Gln que foram mais altos durante o Calor do que durante o TN) (Tabela 5.4). Não foi encontrada uma interação significativa entre a dieta e o ambiente para todos os aminoácidos essenciais e não essenciais.

Quadro 5.3. Efeitos do plátano (*Plantago lanceolata* L.) e da exposição ao calor (30° C) no balanço do azoto (N), na digestibilidade do N e nas concentrações ruminais de amoníaco (NH3) e de ureia N em ovinos[#].

g/kgBW /d$^{0.75}$	Tratamento*				SEM	Valor de p		
	Dieta MH		PL-dieta			Dieta	Env	Dieta x Env
	TN	ELE	TN	ELE				
N ingestão	0.71	0.71	0.67	0.67	0.01	<0.0001	0.98	0.86
N nas fezes	0.26	0.23	0.29	0.23	0.01	0.31	0.0009	0.21
N na urina	0.22	0.21	0.17	0.14	0.01	0.0003	0.21	0.70
N saldo	0.23	0.29	0.21	0.30	0.02	0.90	0.003	0.53
Digestibilidade do azoto (%)	63	68	56	66	1	0.04	0.002	0.15
NH3 ruminal (mg/dL)	19	19	14	15	1	0.006	0.71	0.70
Ureia ruminal (mg/dL)	19	16	10	11	2	0.0008	0.38	0.34

[#]Os valores representam as médias de seis ovelhas; ***dieta MH**= feno de erva-de-passarinho e caniço (60:40); dieta PL= dieta MH e plátano (*Plantago lanceolata* L.)(9:1); TN= termoneutralidade (20° C); HE= exposição ao calor (30° C); SEM= erro padrão das médias; Env= ambiente; Dieta x Env= interação dieta e ambiente.

A concentração de ureia no plasma foi mais baixa (P= 0,01) para a dieta PL do que para a dieta MH e manteve-se semelhante (P= 0,68) entre ambientes. A concentração plasmática de α-KIC, bem como os enriquecimentos de α-[1-^{13} C]KIC plasmáticos, foram quase platôs durante 180-300 minutos de infusão de

[1-^{13} C]leucina, sugerindo a condição de estado estacionário da cinética da leucina (Figura 5.4).

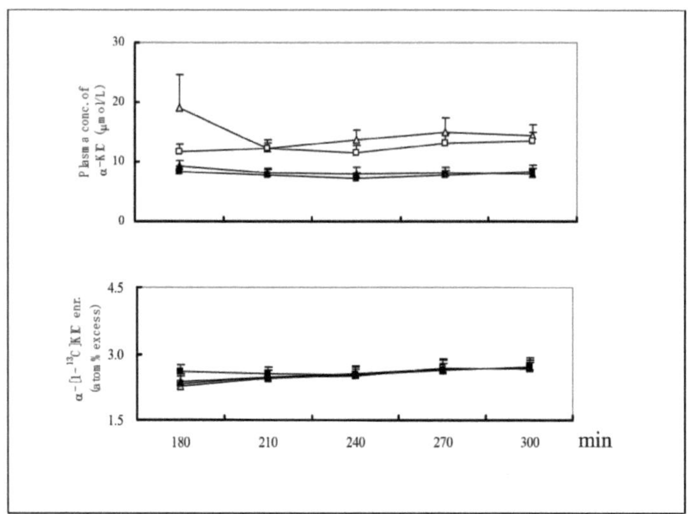

Figura 5.4. Curso de tempo das mudanças nas concentrações plasmáticas de ácido α-cetoisocapróico (α-KIC) e enriquecimentos plasmáticos de α-[1-^{13} C]KIC durante 180-300 min de infusão contínua de [1-^{13} C]leucina em ovelhas alimentadas com dieta PL em termoneutralidade (▲) e exposição ao calor (■) e dieta MH em termoneutralidade (△.) e exposição ao calor (□); enr.=enriquecimento; conc.=concentração.

Tabela 5.4. Efeitos do plátano (*Plantago lanceolata* L.) e da exposição ao calor (30° C) nas concentrações plasmáticas de aminoácidos e ureia em ovinos[#].

mmol/L	Tratamento*				SEM	Valor de p		
	Dieta MH		PL-dieta			Dieta	Env	Dieta x Env
	TN	ELE	TN	ELE				
Aminoácidos essenciais								
Thr	226	228	223	216	3	0.51	0.79	0.68
Val	277	264	253	223	13	0.04	0.16	0.56
Met	29	31	26	25	2	0.09	0.82	0.73
Ile	132	122	114	112	5	0.12	0.50	0.65
Leu	193	191	159	162	11	0.01	0.97	0.85
Phe	74	76	61	71	4	0.10	0.24	0.44

O seu	56	67	54	53	4	0.03	0.34	0.20
Lys	180	177	141	158	11	0.06	0.64	0.52
Aminoácidos não essenciais								
Asp	11	8	7	9	1	0.30	0.40	0.10
Ser	139	145	140	150	3	0.68	0.25	0.78
Asn	126	139	86	122	13	0.03	0.05	0.35
Glu	114	121	108	116	3	0.37	0.26	0.94
Gln	284	317	299	355	18	0.13	0.02	0.50
Glicose	640	639	649	706	19	0.02	0.06	0.06
Ala	238	254	228	254	7	0.76	0.23	0.78
Tyr	77	83	70	83	3	0.51	0.07	0.49
Trp	44	50	54	44	3	0.89	0.63	0.97
Arg	150	166	137	147	7	0.22	0.32	0.81
Profissional	119	180	133	146	15	0.78	0.31	0.51
Ureia (mmol/L)	3.2	3.3	2.8	2.5	0.2	0.01	0.68	0.47

[#]Os valores representam as médias de seis ovinos; **Dieta MH=** feno de erva de pomar e caniço (60:40); Dieta PL= dieta MH e plátano (*Plantago lanceolata* L.)(9:1); TN= termoneutralidade (20° C); HE= exposição ao calor (30° C); SEM= erro padrão das médias; Env= Ambiente; Dieta x Env= interação dieta e ambiente.

O LeuTR plasmático foi mais baixo (P= 0,03) para a dieta PL do que para a dieta MH e houve uma interação entre a dieta e o ambiente (P= 0,04; Quadro 5.5). O WBPS foi numericamente mais baixo para a dieta PL (P= 0,10) do que para a dieta MH, e também houve uma interação significativa entre dieta e ambiente (P= 0,04). O WBPD tendeu a ser mais baixo (P= 0,08) para a dieta PL do que para a dieta MH, mas não foi encontrada uma interação significativa entre dieta e ambiente.

Discussão

Metabolismo da glucose

No presente estudo, a temperatura rectal aumentou (P= 0,007) durante a HE, o que está de acordo com os resultados anteriores (Achmadi et al., 1993; Itoh et al., 2001). As concentrações de NEFA no plasma diminuíram durante a HE (P= 0,01), mas não foi observado efeito da banana-da-terra (P= 0,74). No entanto, a concentração plasmática de NEFA tendeu a ser mais baixa em ovelhas alimentadas com dieta de banana-da-terra do que com dieta de erva de pomar (Sano et al., 2002). A inconsistência pode dever-se à pequena quantidade de banana-da-terra (10% da dieta de MS foi substituída por banana-da-terra) utilizada na presente experiência. Noutro estudo, Sano et al. (1983) referiram que as concentrações plasmáticas de NFFA diminuíram durante a HE em ovinos, o que está de acordo com os nossos resultados. Por conseguinte, tendo em conta as respostas fisiológicas e os constituintes sanguíneos, sugeriu-se que as ovelhas eram influenciadas pela HE.

As concentrações plasmáticas de glucose mantiveram-se inalteradas (P= 0,13) durante o HE e entre dietas (P= 0,47) na presente experiência. A concentração basal de glucose foi numericamente mais baixa durante a exposição ao calor (28° C) (Itoh et al., 1998) em vacas leiteiras em lactação, administradas com glucose i.v., arginina e butirato, o que está de acordo com os presentes resultados. No entanto, as concentrações plasmáticas de glucose foram mais baixas (P<0,01) em ovinos durante a HE, tal como referido anteriormente (Achmadi et al., 1993).

Tabela 5.5. Efeitos da banana-da-terra (*Plantago lanceolata* L.) e da exposição ao calor (30° C) na taxa de renovação da leucina plasmática e na síntese e degradação de proteínas em todo o corpo (WBPS) e (WBPD) em ovinos

Parâmetros	Tratamentos*				SEM	Valor de p		
	Dieta MH		PL-dieta			Dieta	Env	Dieta x Env
	TN	ELE	TN	ELE				
N.º de ovinos	6	6	6	6				
α-KIC								
Conc. (μmol/L)	15.8	13.5	9.4	8.9	1.9	<0.001	0.10	0.14
Taxa de rotatividade[t] (μmol/kgBW^{,075}/h)	397[a]	376[ab]	341[b]	373[ab]	13	0.03	0.68	0.04
WBPS[t] (g/kgBW^{,075}/d)	17.5[a]	16.6[ab]	15.2[b]	16.9[ab]	0.6	0.10	0.55	0.04
WBPD (g/kgBW^{,075}/d)	16.1	14.9	13.9	14.9	0.6	0.08	0.90	0.05

***MH-diet=** feno de orchardgrass e reed canarygrass (60:40); PL-diet= MH-diet e plátano (*Plantago lanceolata* L.) (9:1); TN= termoneutralidade (20° C); HE= exposição ao calor (30° C); SEM= erro padrão das médias; Env= Ambiente; Diet x Env= interação entre dieta e ambiente; α-KIC= ácido α-cetoisocapróico.

^Subscritos diferentes na mesma linha diferem significativamente (P= 0,10)

Com efeito, a diminuição do rácio forragem/concentrado nas dietas poderia aumentar a eficiência da utilização da energia durante a exposição ao calor (Beede e Collier, 1986). Também foi referido que a concentração basal de glucose diminuiu durante a exposição ao calor (30° C) em ovelhas alimentadas com cubos de feno de luzerna ao nível de manutenção (Itoh et al., 2001). A inconsistência destes resultados pode estar relacionada com a espécie animal, as condições fisiológicas e ambientais, a composição dos alimentos e o regime de alimentação.

Desde o passado até ao presente, foram efectuadas várias experiências para determinar o metabolismo da glicose utilizando o método de injeção única ou o método de infusão contínua de isótopos de glicose (Sano et al., 2006; Kronfeld e Simesen, 1961; Buckley et al., 1982). No presênte estudo, utilizámos o método de injeção única de [6, 6-^{2} H]glucose, porque, ao contrário da infusão contínua, permite medir o tamanho do pool de glucose plasmática, para além da taxa de renovação da glucose. No entanto, Buckley et al. (1982) aplicaram o método de injeção única de [6-^{3} H]glucose e o método de infusão contínua com injeção primária de [U-^{13} C]glucose para determinar o metabolismo da glucose em cabras lactantes e não-lactantes e referiram que as taxas de perda irreversível de glucose eram cerca de 20% superiores no método de injeção única. Mas o parâmetro determinado na presente experiência foi comparável entre os tratamentos. Embora não seja significativo, no presente estudo, os valores numéricos do tamanho do pool de glucose plasmática foram mais baixos durante a HE em ambos os tratamentos dietéticos. Num estudo anterior, o tamanho do pool de glucose plasmática tendeu a diminuir durante a exposição ao calor (30° C) em ovinos (Sano et al., 1979), o que está de acordo com os presentes resultados. No entanto, os valores médios do tamanho do pool de glucose plasmática em ovinos, alimentados com cubos de feno de alfafa e mistura de concentrado duas vezes por dia, num estudo anterior (Sano et al., 1979) foram ligeiramente superiores aos valores encontrados na presente experiência. Este facto pode dever-se a diferenças na quantidade de ingestão, no regime de alimentação e na frequência e composição da ração. No entanto, o tamanho do pool de glicose no plasma permaneceu inalterado após a restrição alimentar em ovelhas em lactação (Gow et al., 1981), e o tamanho do pool de glicose quase não foi influenciado pela ingestão de energia e matéria seca (Schmidt e Keith, 1983).

A taxa de renovação da glucose no sangue diminuiu durante o HE (P= 0,03) em ambas as dietas, embora a ingestão alimentar não tenha sido influenciada. Foram observados resultados semelhantes em ovelhas alimentadas com cubos de feno de luzerna e concentrado comercial (1:1) durante a exposição ao calor (30° C) (Sano et al., 1983), e em ovelhas expostas a 30° C e alimentadas com feno de luzerna com suplemento de crómio (Sano et al., 2000). A cinética da glicose em todo o organismo é também influenciada pelas hormonas endócrinas. A síntese de tiroxina e triiodotironina diminuiu em vacas em lactação, expostas a 10 dias de calor (31,2° C) (Magdub et al., 1982), e a concentração de tiroxina no plasma diminuiu em ovelhas durante a exposição ao calor (Sano et al., 1983). A concentração de triiodotironina está diretamente relacionada com a utilização da glucose (Saunders et al., 1978), através das actividades enzimáticas da glucólise (Lombardi et al., 2000). Assim, o turnover da glucose induzido durante a HE pode ser parcialmente influenciado pelo hipotiroidismo. A utilização de glucose por todo o corpo de ovelhas e a utilização de glucose no tecido adiposo de ratos alimentados com gordura foram estimuladas pela epinefrina (Sano et al., 1996; Susini et al., 1979). Espera-se que a secreção de epinefrina diminua durante a EH, porque o NEFA plasmático, que é mobilizado pela epinefrina, foi reduzido durante a EH. A taxa de renovação da glucose no sangue também é influenciada pelo tipo de dieta, ingestão de energia e estado fisiológico (Janes et al., 1985; Ortigues-Marty et al., 2003; Sano et al., 2006; Evans e Buchanan-Smith, 1975; Weekes, 1979). A diminuição da taxa de renovação da glucose, na presente experiência, pode ser o efeito combinado das hormonas, do fornecimento de substrato e de outros estados fisiológicos influenciados pela HE.

Até à data, foram realizadas poucas experiências para determinar os parâmetros do metabolismo da glucose na alimentação com erva de plátano, exceto Sano et al. (2002), que estudaram os parâmetros da glucose em ovinos utilizando o isótopo [U-^{13}C]glucose durante a exposição ao frio. Embora não sejam significativos, os valores numéricos da taxa de renovação da glucose foram mais elevados para a dieta PL, tanto no ambiente termoneutro como no ambiente quente, na presente experiência. Isto pode estar parcialmente relacionado com a disponibilidade de propionato, um precursor importante da glucose, cujas concentrações no rúmen foram mais elevadas para a dieta de plátano do que para a dieta de erva de pomar em ovinos (Sano et al., 2002).

Metabolismo da leucina

A digestibilidade do N e a excreção urinária de N foram menores na dieta PL do que na dieta MS, o que pode ser devido à menor ingestão de PC na dieta, pois resultados semelhantes foram encontrados anteriormente em vacas em lactação (Castillo et al., 2001) e em ovelhas (Sano et al., 2004). Embora a ingestão de PC tenha sido significativamente diferente na presente experiência, os valores numéricos parecem demasiado próximos para influenciar o resultado. Além disso, o efeito dos antioxidantes presentes na banana-da-terra pode desempenhar um papel positivo na melhoria da digestibilidade do azoto.

A digestibilidade mais elevada do N no presente estudo estava de acordo com a experiência anterior efectuada em bovinos por Olbrich et al. (1972), na qual afirmaram que a uma temperatura ambiente elevada (31° C) a digestibilidade dos nutrientes tende a não se alterar ou a aumentar nos bovinos. Num outro relatório, verificou-se que a contração do rúmen era menor e a digestibilidade era maior em cabras expostas a um ambiente quente controlado (Hirayama et al., 2004).

O BN mais elevado durante a HE na presente experiência pode dever-se à excreção mais baixa e numericamente mais baixa de N fecal e urinário. Além disso, os componentes bioactivos, com propriedades antioxidantes, podem ter um impacto positivo no BN mais elevado durante a HE (Capítulo 2 e 3). No entanto, num estudo anterior, Dixon et al. (1999) referiram que o NB foi reduzido durante a exposição ao calor (32-40° C) em ovinos alimentados com uma dieta grosseira. A inconsistência com o presente estudo pode estar parcialmente relacionada com a ingestão de matéria seca, porque Dixon et al. (1999) afirmaram que a ingestão de matéria seca era menor durante a exposição ao calor. Noutro estudo, foi referido que a taxa de passagem do rúmen era mais rápida para novilhas em conforto térmico do que em exposição prolongada ao calor (Bernabucci et al., 1999). Na presente experiência, a produção fecal diminuiu no dia 2nd de HE e depois aumentou até certo ponto (Figura 5.5). Contudo, a ingestão e a excreção atingem uma condição estável durante a exposição prolongada ao calor (Bernabucci et al., 1999). Por conseguinte, é difícil prever se esta inconsistência resulta de uma diferença na taxa de passagem ou não. Além disso, a genética dos ovinos pode ter alguma influência na inconsistência do RN do presente estudo com os resultados anteriores (Sniffen 1974; Beatty et al., 2006).

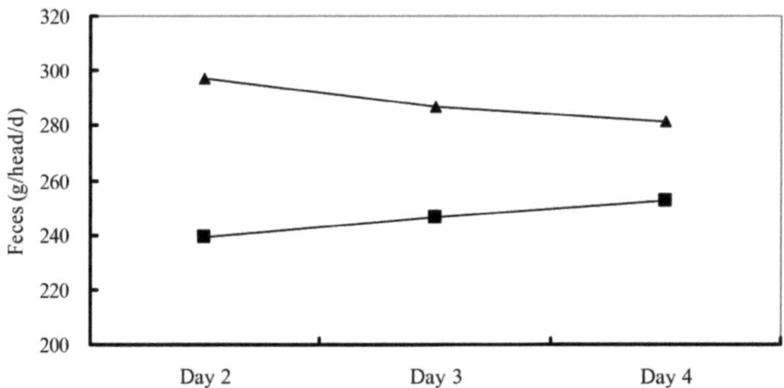

Figura 5.5. A comparação da produção fecal em ambos termoneutralidade (▲) e exposição ao calor (■). Dia 2, 3 e 4 = 15°, 16° e 17° dia de termoneutralidade (20 ± 1° C, 70% de humidade relativa (RH)) ou 2°, 3° e 4° dia de exposição ao calor (28-30° C, 70% de humidade relativa (RH)). Todos os valores representam a média de seis ovinos.

Embora a ingestão de PC, a excreção urinária de N, as concentrações de NH3 no rúmen e de ureia no rúmen tenham sido menores na dieta PL do que na dieta MH, o NB permaneceu semelhante entre as dietas. Isto revela que a dieta PL pode ter mais proteína não degradável no rúmen do que a dieta MH. A menor excreção urinária de N na dieta PL sugere um aumento da reciclagem da ureia ou uma diminuição da oxidação das proteínas devido a uma menor ingestão de PC do que na dieta MS. Além disso, não se pode omitir que a ausência de resposta do RN pode ser consequência de um fornecimento de N superior às necessidades.

As concentrações numericamente mais elevadas de glicose para a dieta PL do que para a dieta MS estão de acordo com o resultado anterior encontrado por Sano et al. (2004), no qual afirmaram que a concentração plasmática de glicose tendia a diminuir com o aumento da ingestão de PC na dieta das ovelhas. A concentração mais elevada de Gln e a concentração numericamente mais elevada de Gly durante a HE do que durante a TN estão em sintonia com o estudo anterior de Early et al. (1991), que afirmou que a concentração proteica placentária de Gly era mais elevada em ovelhas durante a exposição ao calor (30-40° C).

O LeuTR plasmático foi comparável aos dados registados anteriormente em ovinos (Sano et al., 2004). O LeuTR plasmático mais baixo para a dieta PL pode ser parcialmente devido à menor ingestão de PC, porque a ingestão de PC da dieta foi positivamente correlacionada com o LeuTR em humanos, ovelhas e vacas em lactação (Motil et al., 1996; Liu et al., 1995; Lapierre et al., 2002). No entanto, Sano et al. (2004) referiram que o LeuTR plasmático foi pouco influenciado pela ingestão de PC da dieta em ovinos. A inconsistência do presente resultado com as suas conclusões pode dever-se, em parte, ao efeito dos componentes bioactivos da banana-da-terra na dieta de PL.

O WBPS numericamente mais baixo para a dieta PL do que para a dieta MH também pode ser parcialmente devido à menor ingestão de PC. No entanto, Sano et al. (2004) utilizaram três níveis diferentes de PC em ovinos e verificaram que o WBPS era numericamente mais elevado para o grupo de baixo consumo de PC do que para os grupos de médio e alto consumo de PC. Merchen et al. (1986) afirmaram que a síntese proteica bacteriana aumentou nos ovinos quando alimentados com níveis elevados de PC do que quando alimentados com níveis baixos. As respostas do WBPS do TN ao HE diferiram (P= 0,10) entre as dietas: o WBPS aumentou para a dieta PL, pelo contrário, diminuiu para a dieta MH. O aumento do WBPS para a dieta PL durante a HE pode ser parcialmente devido aos resultados da síntese de proteínas de choque térmico (proteínas com peso molecular 70000-90000 Dalton). Com efeito, num estudo anterior, foi referido que, a nível celular, as células eucarióticas respondem ao stress térmico através da produção de um conjunto específico de proteínas denominadas proteínas de choque térmico ou de stress (Lindquist 1986), e a síntese destas proteínas é acelerada durante a exposição ao calor (Vince e Deborah 1990). A dieta PL pode ter um impacto positivo na síntese de proteínas de choque térmico devido à presença de acteosídeo na banana (Capítulo 1) com actividades antioxidantes ou de eliminação do radical anião superóxido (Capítulo 2 e 3). Porque noutro estudo anterior, foi afirmado que os antioxidantes fornecidos através de dietas melhoram a resposta ao choque térmico reduzindo a oxidação (Calabresse et al., 2003). Padilla et al. (2006) afirmaram que o stress térmico provoca stress oxidativo que reduz os níveis plasmáticos de vitamina C e a produção de leite, sugerindo que se garanta o fornecimento de vitamina C aos animais para reduzir os danos oxidativos durante o stress térmico. A banana-da-terra também contém quantidades consideráveis de vitamina C (Capítulo 2) que também pode desempenhar um papel aditivo no WBPS durante o HE na presente experiência.

Tal como o WBPS, o WBPD também respondeu da mesma forma às dietas e aos ambientes, o que também apoia parcialmente o facto de, ao contrário da dieta MH, o metabolismo das proteínas do corpo inteiro para a dieta PL ter aumentado ligeiramente durante a HE. No entanto, não foi encontrada uma interação significativa entre a dieta e o ambiente para o WBPD.

O WBPS e o WBPD no presente experimento foram numericamente mais altos do que os relatados em ovelhas (Sano et al., 2004) usando o mesmo método de diluição de isótopos, o que pode ser devido à diferença do método de cálculo, pois eles usaram a técnica descrita por Krishnamurti e Jansens (1988) e Haris et al. (1992) para o cálculo, no qual eles usaram a oxidação de CO_2 e o NB. Em nosso experimento anterior (Capítulo 4), comparamos os dados de WBPS e WBPD calculados usando ambas as técnicas descritas por Schroeder et al. (2006) usando N absorvido e excreção urinária de N e a de Krishnamurti e Jansens (1988) e Haris et al. (1992) simultaneamente, e descobrimos que o valor era numericamente maior para a técnica descrita por Schroeder et al. (2006). Isso esclareceu a inconsistência do WBPS e do WBPD do presente experimento com os de Sano et al. (2004).

Embora a ingestão de PC, a excreção urinária de N, as concentrações de NH3 no rúmen e de ureia no rúmen tenham sido menores na dieta PL do que na dieta MH, o NB permaneceu semelhante entre as dietas. Isto revela que a dieta PL pode ter mais proteínas não degradáveis no rúmen do que a dieta MH. A menor excreção urinária de N na dieta PL sugere um aumento da reciclagem da ureia ou uma diminuição da oxidação das proteínas devido a uma menor ingestão de PC do que na dieta MH.

As concentrações numericamente mais elevadas de glicose para a dieta PL do que para a dieta MS estão de acordo com o resultado anterior encontrado por Sano et al. (2004), no qual afirmaram que a concentração plasmática de glicose tendia a diminuir com o aumento da ingestão de PC na dieta das ovelhas. A concentração mais elevada de Gln e a concentração numericamente mais elevada de Gly durante a HE do que durante a TN estão em sintonia com o estudo anterior de Early et al. (1991), que afirmou que a concentração proteica placentária de Gly era mais elevada em ovelhas durante a exposição ao calor (30-40° C).

O LeuTR plasmático foi comparável aos dados registados anteriormente em ovinos (Sano et al., 2004). O LeuTR plasmático mais baixo para a dieta PL pode ser parcialmente devido à menor ingestão de PC, porque a ingestão de PC da dieta foi positivamente correlacionada com o LeuTR em humanos, ovelhas e vacas em lactação (Motil et al., 1996; Liu et al., 1995; Lapierre et al., 2002). No entanto, Forslund et al. (1998) e Sano et al. (2004) referiram que o LeuTR plasmático foi pouco influenciado pela ingestão de PC da dieta em humanos e ovelhas, respetivamente. A inconsistência do presente resultado com as suas conclusões pode dever-se, em parte, ao efeito dos componentes bioactivos da banana-da-terra na dieta de PL.

O WBPS numericamente mais baixo para a dieta PL do que para a dieta MH pode ser parcialmente devido à menor ingestão de PC. No entanto, Sano et al. (2004) utilizaram três níveis diferentes de PC em ovinos e verificaram que o WBPS era numericamente mais elevado para o grupo de baixo consumo de PC do que para os grupos de médio e alto consumo de PC. Merchen et al. (1986) afirmaram que a síntese proteica bacteriana aumentou nos ovinos quando alimentados com níveis elevados de PC do que quando alimentados com níveis baixos. As respostas do WBPS do TN ao HE diferiram (P= 0,10) entre as dietas: o WBPS aumentou para a dieta PL, pelo contrário, diminuiu para a dieta MH. O aumento do WBPS para a dieta PL durante a HE pode ser parcialmente devido aos resultados da síntese de proteínas de choque térmico (proteínas com peso molecular 70000-90000 Dalton). Porque, num estudo anterior, foi relatado que, a nível celular, as células eucarióticas respondem ao stress térmico através da produção de um conjunto específico de proteínas chamadas proteínas de choque térmico ou de stress (Lindquist, 1986), e a síntese destas proteínas é acelerada durante a exposição ao calor (Vince e Deborah, 1990). A dieta PL pode ter um impacto positivo na síntese de proteínas de choque térmico devido à presença de acteosídeo na banana-da-terra com actividades antioxidantes ou de eliminação do radical anião superóxido (Capítulo 1 e 3). Porque noutro estudo anterior, foi afirmado que os antioxidantes fornecidos através de dietas melhoram a resposta ao choque térmico reduzindo a oxidação (Calabresse et al., 2003). Padilla et al. (2006) afirmaram que o stress térmico provoca stress oxidativo que reduz os níveis plasmáticos de vitamina C e a produção de leite, sugerindo que se garanta o fornecimento de vitamina C aos animais para reduzir os danos oxidativos durante o stress térmico. A banana-da-terra também contém quantidades consideráveis de vitamina C (Capítulo 3) que também pode desempenhar um papel aditivo no WBPS durante o HE na presente experiência.

Pannemans et al. (1997) relataram que, em mulheres idosas, o WBPS permaneceu inalterado com o aumento da ingestão de proteínas, quando medido usando [1-^{13}C]leucina como marcador, enquanto aumentou usando [^{15}N]glicina. Por conseguinte, é possível que não o marcador, mas a dieta PL utilizada na presente experiência tenha tido pouca influência nas alterações aparentes do WBPS durante a HE.

Tal como o WBPS, o WBPD também respondeu da mesma forma às dietas e aos ambientes, o que também apoia parcialmente o facto de, ao contrário da dieta MH, o metabolismo das proteínas do corpo inteiro para a dieta PL ter aumentado ligeiramente durante a HE. No entanto, não foi encontrada uma interação significativa entre a dieta e o ambiente para o WBPD.

O WBPS e o WBPD no presente experimento foram numericamente mais altos do que os relatados em ovelhas (Sano et al., 2004) usando o mesmo método de diluição de isótopos, o que pode ser devido à diferença do método de cálculo, pois eles usaram a técnica descrita por Krishnamurti e Jansens (1988) e Haris et al. (1992) para o cálculo, no qual eles usaram a oxidação de CO_2 e o NB. Em nosso experimento anterior (Capítulo 4), comparamos os dados de WBPS e WBPD calculados usando ambas as técnicas descritas por Schroeder et al. (2006) usando N absorvido e excreção urinária de N e a de Krishnamurti e Jansens (1988) e Haris et al. (1992) simultaneamente, e verificamos que os valores foram numericamente maiores para a técnica descrita por Schroeder et al. (2006). Isso esclareceu a inconsistência do WBPS e do WBPD do presente experimento com os de Sano et al. (2004).

Capítulo 6

Efeitos da Erva de Plátano (*Plantago lanceolata* L.) e da Exposição ao Calor no Metabolismo do Ácido Acético no Plasma e nas Respostas do Metabolismo da Glicose no Plasma à Infusão de Insulina Exógena em Ovinos

Introdução

Nos ruminantes, os hidratos de carbono da dieta são fermentados em ácidos gordos voláteis, a principal fonte de energia, por microrganismos no rúmen. Por conseguinte, pouca glucose é absorvida pelo trato digestivo e tem de ser fornecida através da gluconeogénese. O metabolismo da glucose é influenciado pelas condições nutricionais e fisiológicas (Buckley et al., 1982; Evans e Buchanan-Smith, 1975; Sano et al., 1983). Sano et al. (1983) também referiram que, em ovinos, o metabolismo da glucose diminuía durante a exposição ao calor. O efeito da insulina no metabolismo da glucose plasmática é influenciado durante a exposição ao frio (Sano et al., 1999). Noutro relatório, verificou-se que a capacidade de resposta dos tecidos à insulina exógena, determinada pela abordagem da pinça euglicémica hiperinsulinémica, era influenciada em ovinos alimentados com cubos de feno de luzerna e não era alterada durante o ambiente quente (Sano et al., 2000).

Por conseguinte, esperava-se que, devido à presença de componentes bioactivos, o plátano pudesse influenciar as respostas do metabolismo da glicose à infusão de insulina exógena através da redução do stress térmico em ruminantes. No entanto, até recentemente, o efeito da erva de plátano durante o metabolismo intermediário da glucose em ovinos expostos ao calor não foi discernido.

O ácido acetato é o ácido gordo de cadeia curta mais importante produzido pela fermentação bacteriana no rúmen e no intestino grosso de ruminantes e não ruminantes, respetivamente (Bergman, 1990). Por conseguinte, a produção deste ácido gordo depende em grande medida da qualidade dos alimentos, como o teor de fibra (Sutton et al., 2003; Bergman 1990). A ingestão de alimentos é o principal fator determinante da concentração de acetato no sangue, e o acetato no sangue é um índice útil de nutrição (Pethick et al., 1981). Com efeito, o acetato fornece cerca de 35 % das necessidades energéticas diárias nos ruminantes e 6-10 % do gasto energético basal nos não ruminantes, como os seres humanos (Pouteau et al., 1996; Skutches et al., 1979). Esperava-se que o plátano pudesse melhorar o metabolismo do acetato através da redução do stress térmico e da alimentação indireta dos micróbios produtores de acetato no rúmen dos ovinos.

Por conseguinte, a presente experiência foi realizada para determinar o efeito do plátano nas respostas do metabolismo da glucose à infusão de insulina exógena e no metabolismo do ácido acético no plasma de ovinos expostos a um ambiente quente controlado, utilizando simultaneamente métodos de diluição de isótopos estáveis de $[1\text{-}^{13}\text{C}]$Na acetato e $[\text{U-}^{13}\text{C}]$glucose.

Materiais e métodos

Animais, dietas e exposição ao calor

Foram utilizadas seis ovelhas tosquiadas cruzadas (Corriedale x Suffolk) de ambos os sexos (*Ovis aries* L.), com cerca de 3 anos de idade e 40±2 kg de peso corporal (PC). As ovelhas foram alojadas em compartimentos individuais num estábulo para ovelhas durante os primeiros 13 dias de ajustamento de cada experiência. Foram utilizados dois tratamentos alimentares, um dos quais consistiu numa mistura de feno (dieta MH) de erva-das-pastagens (*Dactylis glomerata* L.) e caniço (*Phalaris arundinacea* L.) numa proporção de 60:40 (1,78 kcal de energia metabolizável (EM)/g de matéria seca (MS), 11.5% de proteína bruta (PB) e 65% de fibra detergente neutra (FDN)) e outra foi a dieta PL, em que 50% da dieta MH foi substituída por plátano (11,9% PB e 47% FDN). Em ambos os tratamentos dietéticos, a ingestão de EM e PC foi concebida para ser mantida isoenergética e isoproteica em torno do nível de manutenção (NRC, 1985). Os animais foram alimentados uma vez por dia às 14:00 h, e geralmente comiam tudo dentro de

2 h, embora a manjedoura tenha sido mantida até à manhã seguinte. A água foi fornecida ad libitum. A experiência foi efectuada segundo um esquema cruzado, com dois períodos de 23 dias em que foram fornecidas as dietas PL ou MH. Três ovelhas foram alimentadas com a dieta PL durante o primeiro período e depois com a dieta MH durante o segundo período, mas as outras três foram alimentadas pela ordem inversa. A banana-da-terra fresca produzida no campo experimental da Universidade de Iwate foi alimentada todos os dias num sistema de corte e transporte (para mais pormenores sobre o local e o cultivo, ver capítulo 1). No 14.º dia, os animais foram transferidos para gaiolas metabólicas numa câmara de ambiente controlado a uma temperatura do ar de 20±1° C (TN), 70% de humidade relativa (RH) e com iluminação das 08:00 h às 22:00 h. No 5.º dia após a transferência dos animais para a câmara de ambiente controlado, foram realizados simultaneamente dois métodos de diluição isotópica utilizando [U-^{13}C]glucose e [1-^{13}C]Na acetato para determinar as respostas do metabolismo da glucose plasmática à infusão de insulina exógena e do metabolismo do ácido acético durante a TN. A temperatura ambiente foi então elevada e mantida a 28-30° C (HE), 70% HR com iluminação das 08:00 h às 22:00 h durante 5 dias, e os mesmos métodos de diluição isotópica foram efectuados no 5th dia de HE. As ovelhas foram pesadas no início da experiência, no 14º dia da experiência e após o final de cada tratamento ambiental.

Dois cateteres, um dos quais multicanal para infusão de [U-^{13}C]glucose, [1-^{13}C]Na acetato e insulina e outro para colheita de sangue, foram inseridos nas veias jugulares esquerda e direita na manhã de cada determinação dos métodos de diluição isotópica. Os cateteres foram preenchidos com solução estéril de citrato trissódico (0,13 mol/L). Imediatamente após o término de cada uma das técnicas de diluição isotópica, foi infundida solução de glicose a 20%, à razão de 100 mL/leito, através do cateter de infusão, a fim de evitar hipoglicemia devido à infusão de insulina exógena. A colheita de sangue foi efectuada sem qualquer stress percetível para as ovelhas. O manuseamento dos animais, incluindo a canulação e a colheita de sangue, foi efectuado de acordo com as regras e regulamentos estabelecidos pelo Comité de Cuidados com os Animais da Universidade de Iwate.

Procedimentos experimentais

Respostas fisiológicas quotidianas

Os perfis diários como a frequência cardíaca, a frequência respiratória e a temperatura rectal foram medidos às 14:00 h imediatamente antes da alimentação durante 3 dias sucessivos durante o TN e o HE em ambos os tratamentos dietéticos.

Recolha de amostras de alimentos para animais e de fluido ruminal

As amostras de ração para o feno foram recolhidas duas vezes durante todo o período experimental e para a banana fresca as amostras foram recolhidas todas as semanas. Em seguida, as amostras foram secas numa estufa de ar forçado a 60° C durante 48 h, trituradas até uma malha de 1 mm utilizando um microtriturador e mantidas a -30° C até análises posteriores.

O fluido ruminal (50 ml) foi recolhido 2 h após a alimentação através de uma sonda gástrica inserida oralmente no rúmen no 4th dia em que o animal foi transferido para uma instalação com ambiente controlado na TN e no 4th dia da HE de cada tratamento dietético. O pH do fluido ruminal foi medido com um medidor de pH (HM-10P, Toa Electronics Ltd., Japão) imediatamente após a recolha. A fração líquida do fluido ruminal foi então separada do fluido ruminal por centrifugação a 8000 x g durante 10 min. Uma alíquota foi armazenada a -30 °C até à realização das análises.

Procedimentos de diluição isotópica

At 13:00 h on the day of isotope dilution method, 6 mg/kg$^{0.75}$ of [1-^{13} C]Na acetate (1-^{13} C, 99% CLM-156-10, Cambridge Isotope Laboratories, Inc. MA, EUA) dissolvido em 10 ml de solução salina (0,15 mol de cloreto de sódio/L) e 0,96 mg/kg$^{0.75}$ [U-^{13} C]glucose (D-glucose, 6, 6-D2, 99 atom% excesso de D, Isotec, A Matheson, USA Co, Miamisburg, EUA), também dissolvida em 10 ml da mesma solução salina, foi injetada como injeção inicial (Wolfe 1984) e, posteriormente, os dois isótopos foram continuamente injetados a uma taxa de 0,1 mg/kg$^{0.75}$ /min e 0,016 mg/kg$^{0.75}$ /min durante 6 horas (Figura 6.1). Os animais foram alimentados após 1 hora do início das técnicas de diluição de isótopos. Foram colhidas amostras de sangue (5 ml) do cateter de amostragem imediatamente antes e 50, 60, 90, 120, 150, 180 e 210 minutos após o início da técnica de diluição isotópica de [1-^{13} C]Na-acetato para a determinação da taxa de renovação do ácido acético no plasma.

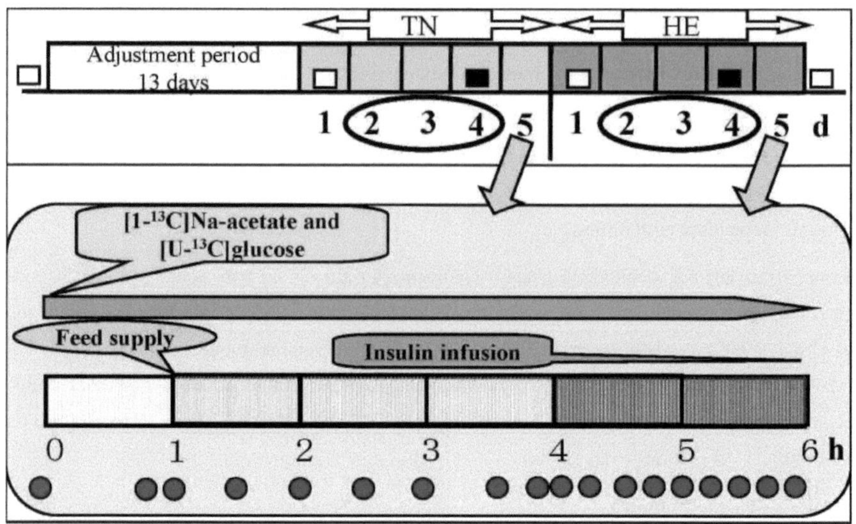

Figure 6.1. The experimental layout showing sampling protocol.
●, Blood; ▲, Heat production; ⬭, Heart, rectal temperature, respiration rate.
□, Body weight; ■, Rumen liquor; TN, thermoneutral (20°C); HE, heat exposure (30°C).

A insulina exógena foi infundida a uma taxa de 1 µU/kg0,7^5 /min durante as últimas 2 horas de técnicas de diluição de isótopos. E as amostras de sangue (5 mL) foram coletadas do cateter de amostragem imediatamente antes do início das técnicas de diluição de isótopos, 15 min e imediatamente antes do início da infusão de insulina, e durante os últimos 120 min das técnicas de diluição de isótopos a cada intervalo de 15 min para a determinação do plasma [1-^{13} C]Na acetato e [U-^{13} C]enriquecimento de glicose e respostas da concentração plasmática de acetato e taxa de renovação de acetato e utilização de glicose à infusão de insulina exógena. As amostras foram transferidas para tubos de centrifugação heparinizados e refrigeradas até à centrifugação.

Análises

O azoto nas dietas foi analisado através da medição do N amoniacal por um método colorimétrico (Weatherburn, 1967) após a digestão de Kjeldahl e depois convertido em PC multiplicando-o por 6,25 factores. O NDF das dietas foi determinado de acordo com a AOAC (1995). Resumidamente, 2 g de amostra moída foram colocados num copo de FDN contendo 100 mL de solução de FDN e fervidos durante 1 h após a adição de 2 mL de decahidronaftaleno. Em seguida, o conteúdo foi filtrado utilizando uma bomba de vácuo com água sem fim e lavagem com acetona. Em seguida, o resíduo foi seco a 135° C durante 2 h e finalmente incinerado a 550-600° C numa mufla. A composição de 1 L de solução NDF foi: 30 g de lauril sulfato de sódio, 18,61 g de sal dissódico do ácido etilenodiaminotetracético (EDTA.2Na), 6,81 g de tetraborato de sódio, 4,56 g de hidrogenofosfato dissódico anidro, 10 mL de 2-etoxietanol.

As concentrações de AGV no rúmen foram determinadas após a titulação do destilado de vapor do fluido ruminal com NaOH 0,1 N. O destilado titulado foi seco e, em seguida, as percentagens molares de cada AGV foram determinadas por cromatografia gasosa líquida (GLC) (HP5890A, Hewlett Packard, Avondale, EUA).

A concentração de retinol e de α-tocoferol no plasma (amostras de sangue de fundo apenas no período de pré-infusão) foi determinada por cromatografia líquida de alta resolução (HPLC, Hitachi, U-2010, Tomy, EX-125, Taitec, DTU-1C), de acordo com o método descrito por Ruperez et al. (2004) e Cuesta Sanz et al. (1986), com uma ligeira diferença na deteção por ultravioleta (UV). A deteção no UV foi efectuada com excitação a 325 nm e emissão a 470 nm durante 6 minutos para a deteção da vitamina A, e a fluorescência foi utilizada com excitação a 295 nm e emissão a 330 nm para o α − e o γ- tocoferol durante 6-13 minutos.

As amostras de sangue foram centrifugadas a 12 000 x g durante 10 minutos a 2° C (RS-18 IV, Tomy, Tóquio, Japão) e o plasma foi armazenado a -30° C até análise posterior. O isolamento e a derivatização da glucose plasmática foram efectuados segundo o procedimento de Tserng e Kalhan (1983) e Wolfe (1984), com ligeiras modificações. A abundância isotópica do derivado de glucose foi determinada com um sistema de espetrometria de massa por cromatografia gasosa (QP-2010, Shimadzu, Quioto, Japão) com monitorização de iões seleccionados (como descrito no capítulo 5). Foram determinados os seguintes iões: para o enriquecimento de [U-^{13}C]glucose m/z 314 e m/z 319. As concentrações de glucose plasmática foram determinadas enzimaticamente pelo método de Huggett e Nixon (1957) (tal como descrito no capítulo 5).

O enriquecimento de ácido [1-^{13}C]acético e as concentrações de AGV no plasma foram determinados utilizando um sistema de monitorização de iões seleccionados com GC/MS (QP-2010, Shimadzu, Quioto, Japão) de acordo com o método descrito por Moreau et al. (2003). Resumidamente, o plasma (1 mL) foi desproteinizado pela adição de 1 mL de ácido sulfossalicílico a 4% e 100 µL de uma solução de ácido 2-etilbutírico e ácido 4-metilvalérico (0,5 mmol/L cada) como padrões internos para as medições das concentrações plasmáticas de acetato, propionato, iso-butirato, butirato, iso-valerato, valerato e lactato. Após centrifugação (12000 ×g, a 0° C durante 10 min), o sobrenadante foi obtido num frasco de vidro com tampa de rosca e foram adicionados 25 µL de ácido acético a 37%. Em seguida, o frasco foi agitado vigorosamente durante 1 min após a adição de 2 mL de éter dietílico. Novamente após centrifugação (1000 ×g, durante 3 min), o sobrenadante foi seco com Na2SO4 anidro num tubo de ensaio de vidro durante 2 h. Em seguida, 0,1 mL do eluente foi misturado com 20 µL de MTBSTFA e mantido à temperatura ambiente durante 1 h. Finalmente (excesso de % de átomos) foram medidos por um método de monitorização selecionada de ionização por impacto de electrões utilizando um sistema de espetrometria de massa por cromatografia gasosa (QP-2010, Shimadzu, Quioto, Japão). Foram monitorizados os seguintes iões: m/z 117 e 118 para o acetato, m/z 131 para o propionato, m/z 145 para o iso-butirato e o butirato, m/z 159 para o iso-valerato e o valerato e m/z 261 para o lactato.

Cálculos

São apresentados os valores médios com os erros padrão das médias. A taxa de renovação da glucose no sangue antes do início da infusão de insulina foi calculada utilizando a equação descrita por Tserng e Kalhan

(1983). As taxas de produção (R_p) e de utilização (R_u) de glucose durante os últimos 120 minutos da diluição isotópica de [U-^{13}C]glucose foram determinadas utilizando a equação de estado não estacionário (Cowan e Hetenyi, 1971), tal como descrito por Sano et al. (1996).

$$R_p = (I\text{-}p \cdot V \cdot ((C_1+C_2)/2 \cdot ((E_2\text{-}E_1)/(T_2\text{-}T_1))) \cdot (1/(E_2+E_1) \cdot 2\text{-}1)$$

$$R_u = R_p\text{-}p \cdot V \cdot ((C_2\text{-}C_1)/(T_2\text{-}T_1))$$

Em que I é a taxa de infusão de [U-^{13}C]glucose, c_1 e c_2 são as concentrações plasmáticas de glucose (mgZmL) e E1 e E2 são os enriquecimentos de [U-^{13}C]glucose plasmática (excesso de mol%) em T_1 e T_2 (min), respetivamente. V é o volume de distribuição da glucose e p é a fração de pool. Assumiu-se que o volume de distribuição era de 179 mLZkg de peso corporal (Weekes et al., 1983) e a fração de pool era de 0,65 (Brockman, 1979).

Análise estatística

Todos os dados foram analisados com o procedimento MIXED do SAS (1996). A expressão lsmeans foi utilizada para testar os efeitos do período, da dieta, do ambiente e da interação entre a dieta e o ambiente. O efeito aleatório foi a ovelha. Na maioria dos casos, não houve efeito significativo do período, pelo que os resultados não foram incorporados. Os resultados foram considerados significativos ao nível de P<0,05, e uma tendência foi definida como 0,05< P<0,10. A declaração repetida e o ajuste de Tukey-Kramer foram usados para o curso de tempo das mudanças e interação e a significância foi P<0,05 e P<0,10, respetivamente.

Resultados

O peso corporal diminuiu numericamente ao longo do período experimental em ambas as dietas (Figura 6.2). A frequência cardíaca foi maior (P<0,0001) para a dieta PL do que para a dieta MH e permaneceu semelhante entre os ambientes (Tabela 6.1). A frequência respiratória e a temperatura rectal foram mais elevadas durante a HE (P<0,0001 e P= 0,02, respetivamente) e foram comparáveis entre as dietas. No entanto, para a temperatura rectal, verificou-se uma interação significativa (P= 0,0006) entre a dieta e o ambiente; ou seja, a temperatura rectal foi mais baixa para a dieta PL durante o TN do que para os outros tratamentos.

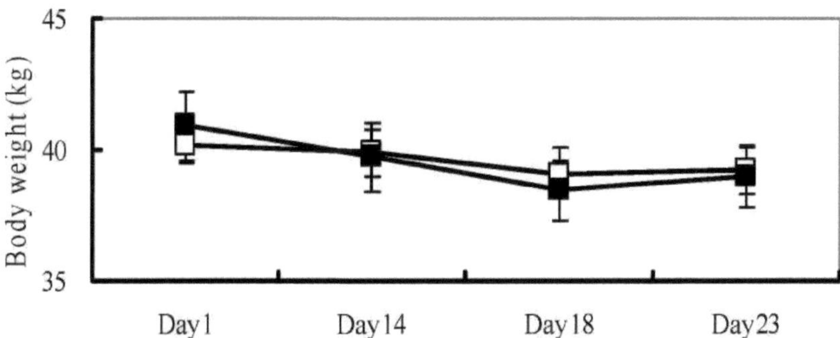

Figura 6.2. O peso corporal médio de seis ovelhas em ambas as dietas PL (■) e MH (□).

Os dias 18 e 23 correspondem ao peso corporal após a conclusão de cada tratamento alimentar em condições de termoneutralidade (20° C, 70% RH) e exposição ao calor (30° C, 70% RH), respetivamente.

Tabela 6.1. Efeitos do plátano (*Plantago lanceolata* L.) e da exposição ao calor (30° C) nas respostas fisiológicas diárias dos ovinos

	Tratamento*				Valor de p			
	PL-dieta		Dieta MH		SEM	Dieta	Env	Dieta x Env
	TN	ELE	TN	ELE				
N.º de ovinos	6	6	6	6				
Perfis diários:								
Frequência cardíaca/min	70	70	64	65	2	<0.0001	0.71	0.49
Frequência respiratória/min	35	69	33	71	4	0.76	<0.0001	0.44
Temperatura rectal (° C)	39.3	39.4	39.0	39.6	0.03	0.32	0.02	0.0006

*MH-diet= feno de orchardgrass e reed canarygrass (60:40); PL-diet= MH-diet e plátano (*Plantago lanceolata* L.) (1:1); TN= termoneutralidade (20° C); HE= exposição ao calor (30° C); SEM= erro padrão das médias; Env= Ambiente; Diet x Env= interação entre dieta e ambiente.

O pH ruminal foi menor (P= 0,01) para a dieta PL do que para a dieta MH e permaneceu comparável entre os ambientes (Tabela 6.2). As concentrações ruminais de propionato, butirato e valerato foram mais elevadas (P= 0007, <0,0001 e =0003, respetivamente) e o total de AGV foi numericamente mais elevado (P= 0,11) para a dieta PL do que para a dieta MH. Pelo contrário, a concentração de iso-butirato e iso-valerato foi menor (P= 0,001 e 0,006, respetivamente) para a dieta PL do que para a dieta MH, e a concentração de acetato ruminal permaneceu comparável entre dietas e ambientes.

Tabela 6.2. Efeitos da banana-da-terra (*Plantago lanceolata* L.) e da exposição ao calor (30° C) no pH ruminal e nas concentrações de ácidos gordos voláteis (AGV) em ovinos

	Tratamento*				SEM	Valor de p		
	PL-dieta		Dieta MH			Dieta	Env	Dieta x Env
	TN	ELE	TN	ELE				
N.º de ovinos	6	6	6	6				
pH ruminal	6.7	6.8	6.9	6.9	0.03	0.01	0.89	0.50
AGV ruminais (mmol/L):								
Total	64.5	64.9	60.6	62.3	1.5	0.11	0.79	0.63
Acetato	43.4	45.5	45.5	46.8	1.1	0.40	0.39	0.94
Propionato	12.1	11.7	9.6	9.8	0.4	0.0007	0.70	0.48
Iso-butirato	0.59	0.57	0.65	0.72	0.03	0.001	0.24	0.25
Butirato	7.2	6.0	3.8	3.8	0.4	<0.0001	0.06	0.06
Iso-valerato	0.55	0.58	0.61	0.72	0.03	0.006	0.04	0.63
Valerato	0.61	0.58	0.48	0.47	0.02	0.0003	0.40	0.62

*MH-diet= feno de orchardgrass e reed canarygrass (60:40); PL-diet= MH-diet e plátano (*Plantago lanceolata* L.) (1:1); TN= termoneutralidade (20° C); HE= exposição ao calor (30° C); SEM= erro padrão das médias; Env= Ambiente; Diet x Env= interação entre dieta e ambiente.

A concentração plasmática de acetato tendeu a ser mais elevada (P= 0,06) e a de propionato foi mais baixa (P= 0,03) para a dieta PL do que para a dieta MH (Quadro 6.3). O enriquecimento plasmático de [1-[13] C]Na acetato foi quase estável durante 120 minutos da técnica de diluição isotópica, o que significa uma condição de estado estacionário (Figura 6.3). A taxa de renovação do acetato no plasma foi numericamente mais elevada para a dieta PL do que para a dieta MH e durante a HE do que durante a TN.

A concentração plasmática de α-tocoferol e retinol foi mais elevada (P<0,0001) e numericamente mais elevada (P= 0,26) para a dieta PL do que para a dieta MH e permaneceu comparável entre ambientes, não tendo sido encontradas interacções entre a dieta e o ambiente (Tabela 6.4).

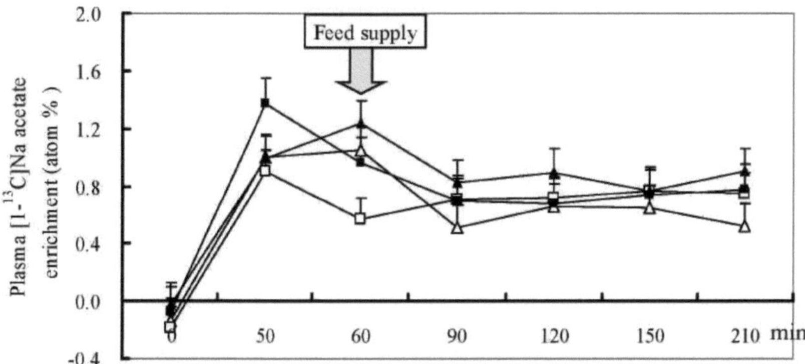

Figura 6.3: Enriquecimento plasmático de [1-[13] C]Na acetato imediatamente antes e durante 210 min da técnica de diluição isotópica para PL-dieta durante termoneutralidade (A) e exposição ao calor (B) e para MH-dieta durante termoneutralidade (Δ)e exposição ao calor (□).

Tabela 6.3. Efeitos da banana-da-terra (*Plantago lanceolata* L.) e da exposição ao calor ($30°$ C) nas concentrações plasmáticas de ácidos gordos voláteis (AGV) em ovinos

	Tratamento*				SEM	Valor de p		
	PL-dieta		Dieta MH			Dieta	Env	Dieta x Env
	TN	ELE	TN	ELE				
N.º de ovinos	6	6	6	6				
AGV no plasma (µmol/L):								
Acetato	499	443	388	386	21	0.06	0.48	0.51
Propionato[#]	54	64	88	38	7	0.26	0.44	0.59
Iso-butirato	17	18	12	19	1	0.21	0.04	0.07
Butirato	15	15	8	13	2	0.10	0.39	0.49
Iso-valerato	17	22	34	35	5	0.18	0.75	0.83
Valerato	0.57	0.60	0.58	3.18	0.69	0.35	0.35	0.35
Lactato (µmol/L)	247	263	219	258	22	0.42	0.19	0.55
Acetato plasmático TR (mg/kg$^{0.75}$ /min)	9.5	10.4	8.7	9.3	0.4	0.35	0.44	0.94

[#]Para o propionato, os valores representam as médias de cinco ovelhas; *Dieta MH= feno de erva de pomar e de caniço (60:40); Dieta PL= dieta MH e plátano (*Plantago lanceolata* L.) (1:1); TN= termoneutralidade ($20°$ C); HE= exposição ao calor ($30°$ C); SEM= erro padrão das médias; Env= ambiente; Dieta x Env= interação entre dieta e ambiente; TR= taxa de rotação.

Tabela 6.4. Efeitos da banana-da-terra (*Plantago lanceolata* L.) e da exposição ao calor (30° C) nas concentrações plasmáticas de ácidos gordos voláteis (AGV) em ovinos

	Tratamento*				SEM	Valor de p		
	PL-dieta		Dieta MH			Dieta	Env	Dieta x
	TN	ELE	TN	ELE				Env
N.º de ovinos	6	6	6	6				
Concentração plasmática de α-tocoferol (µg.L)	3.37	3.32	1.98	1.82	0.18	<0.0001	0.46	0.69
Concentração plasmática de retinol (µg.L)	0.36	0.36	0.34	0.35	0.01	0.26	0.72	0.89

1Dieta MH= feno de erva de pomar e erva canária (60:40); Dieta PL= dieta MH e plátano (*Plantago lanceolata* L.)(1:1); TN= termoneutralidade (20° C); HE= exposição ao calor (30° C); SEM= erro padrão das médias; Env= Ambiente; Dieta x Env= interação entre dieta e ambiente.

O enriquecimento plasmático de [U-^{13} C]glucose aumentou gradualmente durante os últimos 120 minutos da técnica de diluição isotópica (Figura 6.4). A concentração plasmática de glucose antes do início da técnica de diluição isotópica foi mais baixa (P= 0,0009) durante a HE do que durante a TN, mas manteve-se comparável entre as dietas, e a taxa de renovação durante o período de pré-infusão de insulina foi numericamente mais elevada (P= 0,12) para a dieta PL do que para a dieta MH e manteve-se comparável entre os ambientes (Quadro 6.5).

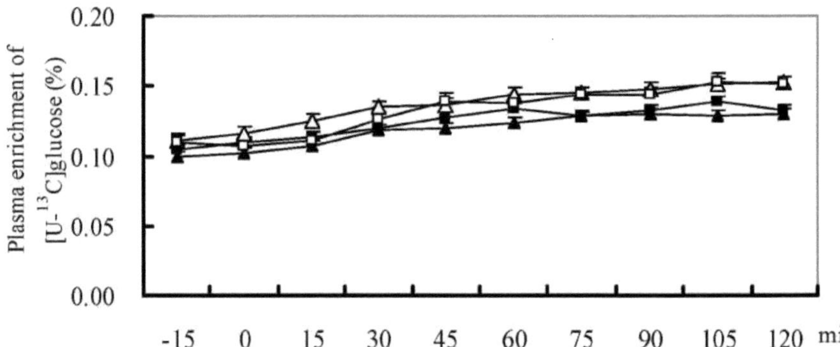

Figura 6.4: Enriquecimento plasmático de [U-^{13} C]glicose durante os últimos 135 min da técnica de diluição isotópica para PL-dieta durante a termoneutralidade (▲)e exposição ao calor Л) e para MH-dieta durante a termoneutralidade (△) e exposição ao calor (□).

Tabela 6.5. Efeitos da banana-da-terra (*Plantago lanceolata* L.) e da exposição ao calor (30° C) na concentração de glucose no plasma e na taxa de renovação em ovinos

	Tratamento*				Significado		
	PL-dieta		Dieta MH		SEM	Diet	Env	Dieta x Env
	TN	ELE	TN	ELE	a			
N.º de ovinos	6	6	6	6				
Concentração de glicose (mg/dL)	52	46	51	48	1	0.81	0.0009	0.28

*MH-diet= feno de orchardgrass e reed canarygrass (60:40); PL-diet= MH-diet e plátano (*Plantago lanceolata* L.) (1:1); TN= termoneutralidade (20° C); HE= exposição ao calor (30° C); SEM= erro padrão das médias; Env= Ambiente; Diet x Env= interação entre dieta e ambiente.

A concentração, produção e utilização de glicose no plasma diminuíram em resposta à infusão de insulina exógena durante os últimos 120 minutos da diluição isotópica (Figura 6.5, 6.6 e 6.7, respetivamente). A produção e utilização de glicose no plasma (valores combinados durante os últimos 120 minutos da técnica de diluição isotópica de [U-^{13}C]glicose) foram mais elevadas (P= 0,006 em ambos os casos) para a dieta PL do que para a dieta MH e permaneceram comparáveis entre ambientes (Tabela 6.6).

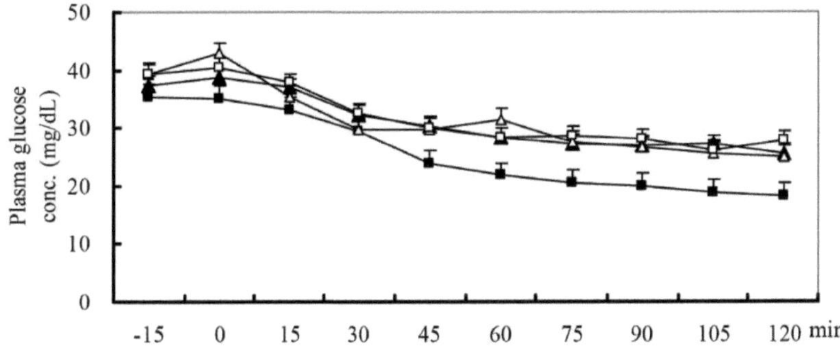

Figure 6.5: Concentração plasmática de glicose durante os últimos 135 min da técnica de diluição isotópica para a dieta PL durante a termoneutralidade (A) e exposição ao calor (■) e para a dieta MH durante a termoneutralidade Д) e exposição ao calor Q); conc.=concentração.

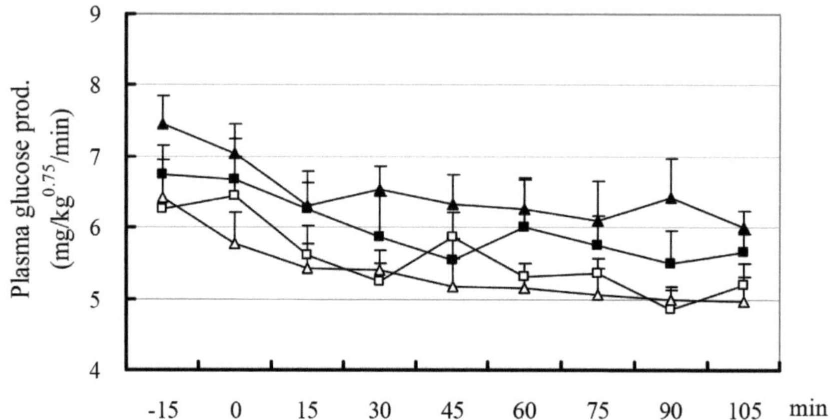

Figure 6.6:   Produção de glucose plasmática durante os últimos 135 min da técnica de diluição isotópica para a dieta PL durante a termoneutralidade (A) e a exposição ao calor (■) e para a dieta MH durante a termoneutralidade (ik) e a exposição ao calor (□); prod.=produção.

Figura 6.7: Utilização de glicose plasmática durante os últimos 120 min a cada 15 min de intervalo da técnica de diluição de isótopos para PL-dieta durante termoneutralidade (▲) e exposição ao calor (H) e para MH-dieta durante termoneutralidade (△) e exposição ao calor (□); uti.=utilização.

Tabela 6.6. Efeitos da banana-da-terra (*Plantago lanceolata* L.) e da exposição ao calor (30° C) na produção e utilização da glucose plasmática durante a infusão de insulina exógena em ovinos

	Tratamento*				Significado			
	PL-dieta	ELE	Dieta MH		SEM	Dieta	Env	Dieta x Env
	TN		TN	ELE				
N.º de ovinos	6	6	6	6				
Taxa de produção de glicose (mg/kg$^{0.75}$/min)	6.5	6.0	5.4	5.6	0.1	0.006	0.55	0.18
Taxa de glicose uti. (mg/kg$^{.075}$/min)	6.5	6.0	5.4	5.6	0.1	0.006	0.51	0.20

1Dieta MH= feno de erva de pomar e erva canária (60:40); Dieta PL= dieta MH e plátano (*Plantago lanceolata* L.)(1:1); TN= termoneutralidade (20° C); HE= exposição ao calor (30° C); SEM= erro padrão das médias; Env= ambiente; Dieta x Env= interação entre dieta e ambiente; prod= produção; uti= utilização.

Discussão

78

Embora as dietas tenham sido consideradas iso-nitrogénicas e iso-energéticas, o teor de PC da dieta PL foi numericamente superior ao da dieta MH. A redução numericamente maior do peso corporal revela o menor conteúdo energético da dieta PL (Sano et al., 2002).

Na presente experiência, a taxa de respiração e a temperatura rectal aumentaram durante a HE, o que está de acordo com os resultados anteriores (Sano et al., 1983; Achmadi et al., 1993; Itoh et. al., 2001). Houve uma interação entre a dieta e o ambiente para a temperatura rectal. Ou seja, a resposta ao calor diferiu entre as dietas; a temperatura rectal não aumentou para a dieta PL durante a HE, mas para a dieta MH a temperatura rectal aumentou durante a HE do que a TN. A frequência cardíaca permaneceu semelhante entre os ambientes, o que estava de acordo com os resultados anteriores de Sano et al. (1983) em ovinos. Porque a frequência cardíaca aumentou com a infusão de epinefrina em ovinos (Sano et al., 1996). A frequência cardíaca mais elevada para a dieta PL do que para a dieta MH no presente estudo pode dever-se à atividade hormonal estimulada pelos componentes bioactivos da PL.

O pH ruminal mais baixo para a dieta PL está relacionado com a concentração numericamente mais elevada de AGV totais e com a concentração mais baixa de amoníaco e ureia no fluido ruminal (Capítulo 5). O acetato, que constitui a maior parte dos AGV totais, manteve-se comparável entre as dietas e entre os ambientes. As concentrações mais elevadas de propionato, butirato e valerato para a dieta PL estavam de acordo com os resultados anteriores de Sano et al. (2002). No qual alimentaram ovinos com uma dieta de banana-da-terra ou de erva de pomar, verificaram que o propionato e o valerato eram mais elevados e que o butirato era numericamente mais elevado nos ovinos alimentados com uma dieta de banana-da-terra do que nos alimentados com uma dieta de erva de pomar. Noutro estudo, Fujita et al. (2006) utilizaram diferentes níveis de ingestão de EM em ovinos e verificaram que os AGV ruminais totais eram numericamente mais elevados com o aumento da ingestão de EM. No presente estudo, a ingestão de energia foi semelhante entre as dietas (como se supõe) ou foi numericamente mais baixa para a dieta PL do que para a dieta MH, uma vez que a taxa de redução do peso corporal foi maior para a dieta PL do que para a dieta MH. Além disso, Sano et al. (2002) afirmaram que o teor de energia bruta era numericamente mais baixo para a dieta de banana-da-terra do que para a dieta de erva de pomar. Assim, os AGV totais no rúmen numericamente mais elevados para a dieta PL do que para a dieta MH no presente estudo podem dever-se parcialmente ao tipo de fermentação mais concentrado para a dieta PL do que para a dieta MH (Sano et al., 2002).

As concentrações plasmáticas de AGV foram comparáveis com as encontradas por Sano et al. (2002). A menor concentração de propionato no plasma para a dieta PL do que para a dieta MH pode dever-se ao facto de a maior parte do ácido propiónico ter sido removido e utilizado através das células epiteliais do rúmen e do fígado (Bergman, 1990). Os valores numéricos das taxas de renovação do acetato do presente estudo foram comparáveis aos de um estudo anterior no nosso laboratório (não publicado) em ovinos alimentados com uma dieta contendo dieta MH e lúpulo (*Humulus lupulus* L.) numa proporção de 80:20. Em muitas experiências anteriores (MacRae e Lobley, 1982) foi afirmado que o acetato e o propionato são utilizados eficientemente quando os animais têm à sua disposição precursores gluconeogénicos, incluindo o propionato. Ou seja, a disponibilidade de glucose permite a utilização eficiente do acetato. No entanto, na presente experiência, a taxa de renovação do acetato foi numericamente mais elevada durante a HE, embora a concentração de glucose na circulação fosse mais baixa durante a HE do que durante a TN. A inconsistência pode ser parcialmente atribuída à presença de componentes bioactivos (Capítulo 1) e propriedades antioxidantes (Capítulo 3) da banana-da-terra que reduzem o stress térmico. Também determinámos a concentração de atetato no plasma e a taxa de renovação apenas para a dieta HM na TN para um grupo de animais durante os últimos 120 minutos da técnica de diluição de isótopos para conhecer o efeito da insulina. Foi encontrada menor concentração de acetato (346 vs 306 μmol/L) e menor taxa de turnover (6,5 vs 6,0 mg/kg$^{0.75}$ /min)) em comparação com o período pré-infusão de insulina. Por conseguinte, não foi possível excluir a possibilidade de influência da insulina exógena no metabolismo do acetato plasmático.

A taxa de renovação da glucose plasmática numericamente mais elevada para a dieta PL do que para a dieta MH no presente estudo está de acordo com as nossas conclusões anteriores no capítulo 5. A taxa de utilização da glucose plasmática diminuiu gradualmente para ambas as dietas durante os últimos 120 minutos da técnica de diluição de isótopos, enquanto foi infundida insulina exógena. No entanto, as respostas à infusão de insulina exógena foram mais baixas para a dieta PL do que para a dieta MH, o que revela que a dieta PL é resistente à insulina exógena. A resistência da dieta PL à insulina exógena pode dever-se à presença de componentes bioactivos presentes na banana-da-terra.

Os presentes resultados sugerem que a banana-da-terra pode ter um impacto positivo na taxa de renovação da glucose plasmática em ovinos. A maior concentração de propionato no rúmen pode dever-se à presença de componentes bioactivos que alimentam as bactérias do tipo propiogénese.

Capítulo 7

Resumo e conclusões

A utilização de antibióticos sintéticos promotores de crescimento tem vindo a diminuir em todo o mundo, tal como foi iniciado pela União Europeia (UE) e pelos EUA, recomendado pela Organização Mundial de Saúde e, em particular, a UE eliminou progressivamente a utilização de promotores de crescimento desde janeiro de 2006. O stress térmico também reduz a produtividade através da alteração das características dinâmicas do metabolismo intermédio. Os radicais livres são produzidos fisiologicamente durante o metabolismo aeróbico celular. O radical anião superóxido (O_2 '$^-$) é um dos radicais mais destrutivos para as células vivas. Consequentemente, a procura de ervas naturais que contenham possíveis componentes farmacêuticos bioactivos tornou-se uma questão de interesse para os cientistas, fabricantes de alimentos para animais e produtores de animais, com vista a aumentar a enorme procura de produtos animais: carne e leite. O objetivo do presente estudo foi conhecer os componentes bioactivos e as actividades de eliminação de O_2 '$^-$ (SOSA) da erva de plátano (PL, *Plantago lanceolata* L.) e também conhecer o impacto da PL no metabolismo dos nutrientes intermédios em ovinos expostos ao calor.

Foram investigadas as concentrações dos componentes bioactivos, acteosídeo, aucubina e catalpol, bem como o rendimento da produção, os teores de proteína bruta (PB) e de cinzas brutas, em 25 ecótipos (Et) de PL, encontrados no norte do Japão, e em cultivares comerciais, Grasslands Lancelot (GL) e Ceres Tonic (CT). A determinação quantitativa dos componentes bioactivos foi efectuada por cromatografia líquida de alta eficiência (HPLC). O conteúdo de acteosídeo de alguns dos 25 Et foi maior ($P < 0,05$) do que o CT e numericamente maior do que o GL e outros Et. A maioria dos Et tinha concentrações numericamente mais altas de catalpol e aucubina do que o GL e o CT. Os teores de proteína bruta e cinzas brutas dos Et foram comparáveis aos do GL e CT. Os rendimentos de MS de alguns dos Et foram numericamente maiores do que os das cultivares. Os dados actuais sugerem que a maioria dos Et são comparáveis às cultivares no que diz respeito à concentração de componentes bioactivos, ao rendimento em MS, bem como aos teores de PC e de cinzas brutas e podem ser utilizados como pastagem, tal como o GL e o CT.

Os SOSA extraídos com água, MeOH a 80% e MeOH puro (tipo HPLC) de PL, azevém perene (PR, *Lolium perenne* L.), erva-das-pastagens (OR, *Dactylis glomerata* L.), rabo-de-gato (TI, *Phleum pratense* L.), caniço (RC, *Phalaris arundinacea* L.) e trevo branco (WC, *Trifolium repens* L.) foram avaliados utilizando um espetrómetro de ressonância de spin eletrónico (ESR) para conhecer o método adequado para extrair os componentes que funcionam como SOSA. Os SOSA da PL e das pastagens foram mais elevados ($P<0,05$) nos extractos de água do que nos extractos de metanol puro e a 80%. É indicado que os antioxidantes para O_2 '$^-$ contidos nas espécies são maioritariamente solúveis em água e considera-se que a extração em água é adequada para extrair antioxidantes para O '$_2^-$ de materiais de plantas forrageiras. Entre as espécies, a erva PL apresentou SOSA extremamente e mais elevado ($P<0,05$) em todas as extratos do que todas as pastagens. O SOSA extraído da água entre as pastagens foi o maior ($P<0,05$) no WC e maior ($P<0,05$) no OR do que no PR, TI e RC. Considera-se que a alimentação com dietas com alto SOSA, como o PL, pode aumentar a resistência à oxidação lipídica da carne e do leite, e prolongar a sua vida útil.

Os radicais livres não só são destrutivos para as células vivas como também reduzem a qualidade dos produtos animais através da oxidação. Consequentemente, o O $_2^{'-}$, uma das espécies reactivas de oxigénio mais destrutivas, é uma questão de preocupação para os cientistas animais, bem como para os fabricantes de alimentos para animais, a fim de garantir a qualidade do produto para satisfazer a procura dos consumidores. No capítulo 2, foi utilizado apenas um número limitado de pastagens e uma erva. Partiu-se da hipótese de que o SOSA poderia variar entre ervas e pastagens e também consoante as localizações altitudinais. A fim de clarificar a hipótese, o SOSA da água e do MeOH extraiu amostras de 2 ervas, PL e dente-de-leão (DD, *Taraxacum officinale* Weber), e 9 espécies de pastagens dominantes: PR, OR, TI, WC, RC, erva-das-pastagens (QG, *Agrophyron repens* L.), kentucky bluegrass (KB, *Poa pratensis* L.), Japanese lawngrass (JL, *Zoyocia japonica* L.) e alfafa (AL, *Medicago sativa* L.) colhidas nas terras baixas e nas terras altas pastoreadas por bovinos japoneses de raça Shorthorn foram determinadas utilizando o espetrómetro ESR. Tanto o SOSA extraído com água como com MeOH diferiu entre as ervas e as pastagens. Também foram observadas variações de espécie e de altitude entre os métodos de extração. As ervas apresentaram valores mais elevados (P<0,05) de SOSA extraído com água e com MeOH do que as pastagens, exceto no caso dos extractos com água de uma pastagem, WC. Os SOSA extraídos com MeOH de PR, OR, TI, WC e QG foram mais elevados (P<0,05) nas terras altas do que nas terras baixas. É evidente que o tipo e a quantidade de antioxidantes diferem entre as ervas e as pastagens. A saúde animal e a qualidade dos produtos animais podem ser melhoradas através de uma seleção e combinação adequadas de ervas e pastagens.

O modelo da [^{2}H5]fenilalanina foi comparado com o método da [1-^{13}C]leucina, a fim de selecionar a técnica mais conveniente para determinar a síntese e a degradação de proteínas em todo o organismo (WBPS) em ovinos alimentados com dois níveis de ingestão alimentar. Os animais foram alimentados com 103 (dieta M) ou 151 (dieta H) kcal de energia metabolizável (EM)/kg$^{0.75}$/dia, uma vez por dia, num desenho cruzado, durante 21 dias, sendo os primeiros 14 dias um período de ajustamento, e os animais foram transferidos para casos metabólicos no dia 15. As diluições isotópicas foram efectuadas simultaneamente como infusão contínua de [^{2}H5]fenilalanina, [^{2}H2]tirosina e [1-^{13}C]leucina em cada tratamento dietético. O WBPS e o WBPD calculados com base no modelo da [^{2}H5]fenilalanina foram inferiores (P= 0,009 e P= 0,003, respetivamente) aos calculados com base no método da [1-^{13}C]leucina. O WBPS tendeu a ser mais elevado (P= 0,08) e o WBPD foi numericamente mais elevado (P= 0,33) para a dieta H do que para a dieta M no modelo [^{2}H5]fenilalanina, ao passo que o WBPS foi numericamente mais elevado (P= 0,37) para a dieta H e o WBPS permaneceu semelhante (P= 0,79) entre as dietas no método [1-^{13}C]leucina. No entanto, os valores absolutos e as direcções do WBPS e do WBPD da dieta M para a dieta H foram comparáveis entre o modelo [^{2}H5]fenilalanina e o método [1-^{13}C]leucina. Além disso, os valores variam consoante a utilização dos respectivos teores de aminoácidos na proteína da carcaça durante o cálculo do WBPS e do WBPD. Ambas as técnicas foram também comparadas individualmente entre os métodos de cálculo. No caso do modelo [^{2}H5]fenilalanina, o WBPS (P= 0,63) e o WBPD (P= 0,52) foram comparáveis entre as equações descritas por Schroeder et al. (2006) (utilizando a excreção urinária de azoto (N) para o WBPS e a absorção de N para o WBPD) e Thompson et al. (1989) (utilizando a oxidação da fenilalanina para o WBPS e a absorção de N para o WBPD). Ao passo que, para o método da [1-^{13} C]leucina, o WBPS e o WBPD foram mais elevados (P= 0,03 e P= 0,01, respetivamente) para a equação descrita por Schroeder et al. (2006) do que a de Krishnamurti e Janssens (1988) (utilizando a oxidação da leucina para o WBPS e a absorção de N para o WBPD). As variações podem dever-se às diferenças nas equações, tal como acima referido. Por conseguinte, pode concluir-se que o modelo da [^{2} H5]fenilalanina pode ser utilizado como alternativa ao método da [1-^{13} C]leucina para a determinação do WBPS e da WBPD em ovinos. Além disso, o método da [1-^{13} C]leucina pode ser aplicado para a determinação do EBPS e da DPB utilizando a equação de Schroeder et al. (2006) em ovinos sem determinar a produção de CO2.

Foram realizados simultaneamente dois métodos de diluição isotópica utilizando os isótopos [6, 6-^{2} H]glucose e [1-^{13} C]leucina e um teste de balanço de azoto (BN) para determinar os efeitos da PL no metabolismo da glucose plasmática e no WBPS e WBPD em ovinos expostos de um ambiente termoneutro para um ambiente quente. A [1-^{13} C]leucina foi utilizada porque foi considerada viável para determinar o WBPS sem determinar a produção de CO2 no capítulo-4. thAs ovelhas foram alimentadas com feno misto (dieta MH) de OR e RC na proporção de 60:40 ou dieta MH e PL na proporção de 9:1 (dieta PL) num desenho cruzado para cada um dos 23 dias, dos quais os primeiros 13 dias foram um período de ajustamento e os animais foram transferidos para casos metabólicos numa casa de ambiente controlado no 14º dia. Em ambos os tratamentos dietéticos, a ingestão de EM e de proteína bruta (PC) foi concebida para ser isoenergética e isoprotéica em torno do nível de manutenção. As ovelhas foram expostas a um ambiente termoneutro (TN, 20° C, 70% RH) e a um ambiente quente (HE, 28-30° C, 70% RH) durante 5 dias. Os métodos de diluição isotópica utilizando uma injeção única de [6, 6-^{2} H]glucose e uma infusão contínua de [1-^{13} C]leucina foram efectuados no 4th dia em que o animal foi transferido para uma instalação com ambiente controlado em TN e no 5th dia em HE. O tamanho do pool de glicose no plasma foi numericamente menor (P= 0,26) durante a exposição ao calor em ambos os tratamentos dietéticos, e numericamente menor (P= 0,13) na dieta PL, independentemente das temperaturas ambientais. A concentração plasmática de NEFA (P= 0,01) e a taxa de renovação da glucose (P= 0,03) diminuíram durante a HE, mas permaneceram semelhantes entre as dietas. A ingestão de azoto (N) foi menor (P< 0,0001) para a dieta PL do que para a dieta MH, mas o NB permaneceu semelhante entre as dietas e foi maior (P= 0,003) durante a HE do que durante a TN. O WBPS foi numericamente mais baixo (P= 0,10) para a dieta PL do que para a dieta MH. A direção da resposta ao calor diferiu (P= 0,04) entre as dietas; o WBPS aumentou para a dieta PL (15,2 a 16,9 g/kgBW$^{0.75}$ /d), enquanto diminuiu para a dieta MH (17,5 a 16,6 g/kgBW$^{0.75}$ /d). Pode concluir-se que, embora não se tenha verificado um impacto positivo da banana-da-terra no metabolismo da glucose nas presentes condições experimentais (a banana-da-terra constituía apenas 10% da dieta basal), os presentes resultados sugerem que a dieta PL pode ter um impacto positivo no WBPS durante a HE e pode ser utilizada na criação de ovinos como alternativa à dieta MH.

A partir dos resultados do capítulo 5, parece que devem ser efectuadas mais experiências aumentando a proporção de PL na dieta PL para distinguir o efeito da dieta PL no metabolismo dos nutrientes. Assim, foram realizados simultaneamente dois métodos de diluição isotópica utilizando [1-^{13} C]Na acetato e [U-^{13} C]glucose para determinar os efeitos da erva de PL no metabolismo do ácido acético plasmático, bem como as respostas do metabolismo da glucose plasmática à infusão de insulina exógena em ovelhas expostas de um TN a HE durante 5 dias. As ovelhas foram alimentadas com dieta de MS ou dieta de PL (dieta de MS e PL fresca na proporção de 1:1) num desenho cruzado para cada período de 23 dias, conforme mencionado no capítulo 5. Em ambos os tratamentos dietéticos, a ingestão de EM e PC foi projectada para ser isoenergética e isoproteica em torno do nível de manutenção. No entanto, a ingestão de PC foi numericamente mais elevada na dieta PL do que na dieta MH. Foram efectuados dois métodos de diluição isotópica utilizando isótopos estáveis de [1-^{13} C]Na acetato e [U-^{13} C]glucose, simultaneamente no dia 4th em que os animais foram transferidos para uma instalação com ambiente controlado em TN e no dia 5th em HE. A freqüência cardíaca foi maior (P<0,0001) para a dieta PL do que para a dieta MH e permaneceu semelhante entre os ambientes. A frequência respiratória e a temperatura rectal foram mais elevadas durante a HE (P<0,0001 e P= 0,02, respetivamente) e foram comparáveis entre as dietas. No entanto, para a temperatura rectal houve uma interação significativa (P= 0,0006) entre a dieta e o ambiente; ou seja, a temperatura rectal foi mais baixa para a dieta PL durante a TN do que para as outras. O pH ruminal foi mais baixo (P= 0,01) para a dieta PL do que para a dieta MH e permaneceu comparável entre ambientes. A concentração ruminal de propionato, butirato e valerato foi mais elevada (P= 0007, P<0,0001 e P= 0,0003, respetivamente) e o total de AGV foi numericamente mais elevado (P= 0,11) para a dieta PL do que para a dieta MS. Pelo contrário, a concentração de iso-butirato e de iso-valerato foi inferior (P= 0,001 e P= 0,006, respetivamente) na dieta PL do que na dieta MS, e a concentração de acetato manteve-se comparável entre as dietas. A taxa de renovação do acetato no plasma foi numericamente mais elevada (P= 0,35) para a dieta PL do que para a dieta MH e durante a HE (P= 0,44) do que a TN. A concentração plasmática de α-tocoferol e retinol foi maior (P<0,0001) e numericamente maior (P= 0,26) para

A concentração de glucose no plasma foi mais baixa (P= 0,0009) durante a HE do que durante a TN e a taxa de rotação foi numericamente mais elevada (P= 0,12) para a dieta PL do que para a dieta MH e manteve-se comparável entre ambientes. A concentração de glucose no plasma foi mais baixa (P= 0,0009) durante a HE do que durante a TN, e a taxa de renovação foi numericamente mais elevada (P= 0,12) para a dieta PL do que para a dieta MH. A utilização da glucose plasmática em resposta à infusão de insulina exógena foi inferior (P= 0,006) para a dieta PL do que para a dieta MH e manteve-se comparável entre ambientes, não tendo sido encontrada qualquer interação entre dieta e ambiente. Sugere-se que a concentração de glucose e a taxa de renovação diminuíram durante a HE. A banana-da-terra também teve influência na glicose plasmática e nas taxas de renovação do acetato em ovinos. O efeito da dieta PL na taxa de renovação da glucose pode ser o efeito combinado de um maior teor de AGV totais no rúmen, de propionato e da presença de componentes bioactivos.

Em conjunto, como trabalho pioneiro, os resultados do presente estudo são muito prometedores. Os Et de PL encontrados no norte do Japão foram estudados em profundidade pela primeira vez, comparando-os com uma variedade de espécies de ervas e pastagens, incluindo as cultivares comerciais GL e CT, e sugere-se que os Et poderiam ser considerados para desenvolver uma cultivar potencial com componentes bioactivos e SOSA mais elevados. Foi também provado, através de uma comparação direta com o modelo [^{2}H5]fenilalanina e da aplicação individual em duas experiências diferentes, que o método de diluição isotópica

[1-^{13} C]leucina pode ser aplicado ao estudo WBPS sem determinar a produção de CO_2 em ovinos. Esta descoberta constituiria uma base para acelerar a investigação nutricional.

O PL desempenhou papéis positivos no metabolismo da glucose e do acetato no plasma, e no WBPS e WBPD. A PL foi considerada resistente ao stress térmico e à hormona insulina. Assim, estas descobertas contribuiriam para o mundo científico da nutrição e da fisiologia. A PL, uma erva potencialmente promissora, poderia ser uma melhor alternativa aos antibióticos promotores de crescimento. Assim, a erva facilitaria aos produtores de gado assegurar a quantidade e a qualidade dos produtos para satisfazer a procura dos consumidores.

Devido à presença de componentes bioactivos, SOSA (capítulo 2 e 3) e propriedades antibacterianas (Ishiguro et al., 1982), o PL pode ser utilizado para manipular a fermentação ruminal através da inibição selectiva de um grupo microbiano do ecossistema. Assim, a banana-da-terra poderia desempenhar um papel positivo no efeito de estufa, suprimindo a produção de metano (Karma et al., 2006). A produção de metano tem uma correlação negativa entre o propionato ruminal e a PL melhorou a concentração de propionato ruminal (Capítulo 6). Deste modo, a PL poderia também desempenhar um papel vital no efeito de estufa através da redução da libertação de metano do gado. No entanto, deve ser realizada mais investigação para esclarecer em pormenor o efeito da erva PL na microflora ruminal.

Referências

Abdul-Razzaq, H. A., R. Bickerstaffe e G. P. Savage. 1988. The influence of rumen volatile fatty acids on blood metabolites and body composition of growing lambs. Aust. J. Agric. Res. 39:505-515.

Achmadi, J., T. Yanagisawa, H. Sano e Y. Terashima. 1993. Pancreatic insulin secretory response and insulin action in heat-exposed sheep given a concentrate or roughage diet. Domest. Anim. Endocrinol. 10:279-287.

Al-Mamun, M., M. A. Akbar, M. Shahjalal e M. A. H. Pramanik. 2002. Perdas de palha de arroz e seu impacto na criação de gado no Bangladesh. Pak. J. Nutr. 1(4): 179-184.

AOAC. 1995. Official Methods of Analysis, 16th edn. Association of Official Analytical Chemists, Arlington, VA.

Arora, R., R. Chawla, R. Sagar, J. Prasad, S. Singh, R. Kumar, A. Sharma, S. Singh e

R. K. Sharma. 2005. Avaliação das actividades radioprotectoras de *Rhodiola imbricate* Edgew - uma planta de altitude. Mol. Cell Biochem. 273:209-223.

Bauman, D. E., B. A. Corl, L. H. Baumgard e J. M. Griinari. 2001. Conjugated linoleic acid (CLA) and the dairy cow. In: Garnsworthy P. C., J. Wiseman, ed. Recent Advances in Animal Nutrition-2001. UK: Nottingham University Press; pp: 221-250.

Beatty, D. T., A. Barnes, E. Taylor, D. Pethick, M. McCarthy e S. K. Maloney. 2006. Physiological responses of *Bos taurus* and *Bos indicus* cattle to prolonged, continuous heat and humidity. J Anim Sci. 84:972-985.

Begges, C. J., U. Schneider-Zeibert e E. Wellmann Radiação UV-B e mecanismos de adaptação nas plantas. 1986. In: Worrest R. C e M. M. Caldwell, ed. Stratospheric Ozone Reduction, Solar Ultraviolet Radiation and Plant Life, Heidelberg:

Springer-Verlag Berlin; pp: 235-250.

Beede, D. K. e R. J. Collier. 1986. Potential nutritional strategies for intensively managed cattle during thermal stress. J. Dairy Sci. 62:543-554.

Bell, A. W., B. W. McBride, R. Slepetis, R.J. Early e W. B. Currie. 1989. Chronic heat stress and prenatal development in sheep: I. Conceptas growth and maternal plasma hormones and metabolites. J. Anim. Sci. 67:3289-99.

Bell, A. W., R. B. Wilkening e G. Meschia. 1987. Some aspects of placental function in chronically heat stress ewes. J. Dev. Physiol. 9:17-19.

Bergman, E. N. 1990. Contribuições energéticas dos ácidos gordos voláteis do trato gastrointestinal em várias espécies. Physiol. Rev. 70:567-590.

Bernabucci, U., P. Bani, B. Ronchi, N. Lacetera e A. Nardone. 1999. Influence of short- and long-term exposure to a hot environment on rumen passage rate and diet digestibility by friesian heifers. J Dairy Sci. 82:967-973.

Blaxter, K. L. 1979. Use of energy for maintenance and growth. In Digestive Physiology and Nutrition of the Ruminant (Ed. Lewis, D.), Butterworths, London. pp. 183.

Bowers, M. D. e N. E. Stamp. 1992. Variação química dentro e entre indivíduos de *Plantago lanceolata* (Plantaginaceae). J. Chem. Ecol. 18:985-995.

Bowers, M. D. e N. E. Stamp. 1993. Effect of plant age, genotype, and herbivory on *Plantago* Performance and chemistry. Ecol. 74:1778-1791.

Brockman, R. P. 1979. Effect of somatostatin on plasma glucagons and insulin, and glucose turnover in exercising sheep. J. Appl. Physiol. 47:273-278.

Brouwer, E., 1965. Relatório do subcomité sobre constantes e factores. In: Energy Metabolism. (Ed Blaxter, K. L.). Academic Press, Londres. pp. 302-304.

Buckley, B. A., J. H. Herbein e J. W. Young. 1982. Glucose kinetics in lactating and

cabras leiteiras não lactantes. J. Dairy Sci. 65:371-384.

Calabrese, V., G. Scapagnini, C. Colombrita, A. Ravagna, G. Pennisi, S. A. M. Giuffrida, F. Galli e D. A. Butterfield. 2003. Redox regulation of heat shock protein expression in aging and neurodegenerative disorders associated with oxidative stress: a nutritional approach. Aminoácidos 25:437-444.

Calder, A. G. e A. Smith. 1988. Análise do rácio de isótopos estáveis da leucina e do ácido cetoisocapróico no plasma sanguíneo por cromatografia gasosa/espetrometria de massa. Utilização de derivados terciários de butildimetilsilil. Rapid Commun Mass Spectrom 2:14-16.

Caldwell, M. M. e R. Robbereht. 1980. A steep latitudinal gradient of solar ultraviolet-B radiation in the arctic alpine life zone. Ecology. 61:600-611.

Castillo, A. R., E. Kebreab, D. E. Beever, J. H. Barbi, J. D. Sutton, H. C. Kirby e J. France. 2001. The effect of protein supplementation on nitrogen utilization in lactating dairy cows fed grass silage diet. J Anim Sci. 79:247-253.

Clarke, J. T. R. e D. M. Bier. 1982. The conversion of phenylalanine to tyrosine in man.

Medição direta por infusões intravenosas contínuas de traçador de L-[anel-^{2} H5]fenilalanina e L-[1-^{13} C]tirosina no estado pós-absortivo. Metabolismo 31:999-1005.

Clark, S. E., C. A. Karn, J. A. Ahlrichs, J. Wang, C. A. Leitch, E. A. Leitchty e S. C.

Denne. 1997. Alterações agudas na cinética da leucina e da fenilalanina produzidas pela nutrição parentérica em bebés prematuros. Pediatr. Res. 41:568-574.

Collomb, M., U. Butikofer, R. Sieber, B. Jeangros e J. O. Bosset. 2002. Correlação entre os ácidos gordos da gordura do leite de vaca produzido nas planícies, montanhas e terras altas da Suíça e a composição botânica das forragens. Int Dairy J. 12:661-666.

Connell, A., A. G. Calder, S. E. Anderson e G. E. Lobley. 1997. Hepatic protein synthesis in sheep: effect of intake as monitored by use of stable-isotope-labelled glycine, leucine and phenylalanine. Br. J. Nutr. 77: 255-271.

Connell, A. e G. E. Lobley. 1992. Effect of food intake on hind-limb and whole-body protein metabolism in young growing sheep: chronic studies based on arterio-venous techniques. Br. J. Nutr. 68:389-407.

Cowan, J. S. e Hetenyi, Jr. G. 1971. Glucoregulatory responses in normal and diabetic dogs recorded by a new tracer method. Metabolismo 20:360-372.

Deaker, J. M., M. J. Young, T. J. Fraser e J. S. Rowarth. 1994. Características da carcaça, fígado e rim de cordeiros que pastam banana-da-terra (*Plantago lanceolata*), chicória (*Cichorium intybus*), trevo branco (*Trifolium repens*) ou azevém perene (*Lolium perenne*).

Proc. NZ Soc. Anim. Prod. 54:197-200.

Dixon, R. M., T. L. R. Thomas e J. H.G. Holmes. 1999. Interacções entre o stress térmico e a nutrição em ovinos alimentados com dietas à base de forragens grosseiras. J. Agric. Sci. 132:351-359.

Early, R. J., B. W. McBride, I. Vatnic e A. W. Bell. 1991. Chronic heat stress and prenatal development in sheep: II. Placental cellularity and metabolism. J. Anim. Sci. 69:3610-3616.

Evans, E. e J. G. Buchanan-Smith. 1975. Effects upon glucose metabolism of feeding a low-or high roughage diet at two levels of intake to sheep. Br. J. Nutr. 33:33-44.

Fujita, T., M. Kajita e H. Sano. 2006. Respostas da síntese proteica do corpo inteiro, retenção de azoto e cinética da glucose ao amido suplementar em cabras. Comp. Biochem.

Physiol. B. 144:180-187.

Folin, O., W. A. Denis. 1915. Método colorimétrico para a determinação de fenóis (e derivados de fenol) na urina. J Biol Chem. 22:305-308

Forslund, A. H., L. Hambraeus, R. M. Olsson, A. E. El-Khoury, M. Y. Yong e V. R. Young. 1998. The 24-h whole body leucine kinetics at normal and high protein intakes with exercise in healthy adults. Am. J. Physiol. 275:E310-E320.

Gâlvez, M., C. Martin-Cordero, P. J. Houghton e M. J. Ayuso. 2005. Antioxidant activity of methanol extracts obtained from *Plantago* species. J. Agric. F. Chem. 53:1927 -1933.

Gatellier, P., Y. Mercier e M. Renerre, 2004. Efeito do modo de acabamento da dieta (pastagem ou dieta mista) no estado antioxidante da carne de bovinos Charolês. Meat Sci. 67: 385-394.

Gibson, N. R., F. Jahoor, L. Ware e A. A. Jackson. 2002. Endogenous glycine and tyrosine production is maintained in adults consuming a marginal-protein diet. Am. J. Clin. Nutr. 75:511-518.

Gill, C. Ervas e extractos de plantas como factores de crescimento. Feed Management. 1999;50:29-32

Gow, C. B., G. H. McDowell e E. F. Annison. 1981. Control of gluconeogenesis in the lactating sheep. Aust. J. Biol. Sci. 34:469-478.

Harada, M. 1992. Determinação qualitativa e quantitativa dos compostos químicos bioactivos em ervas medicinais naturais. Hirokawa Publishing Co., Tóquio.

Harris, P. M., P. A. Skene, V. Buchan, E. Milne, A. G. Calder, S. E. Anderson, A. Connell e

G. E. Lobley. 1992. Effect of food intake on hind-limb and whole-body protein metabolism in young growing sheep: chronic studies based on arterio-venous techniques. Br. J. Nutr. 68:389-407.

Hirayama, T, Katoh K, Obara Y. 2004. Effects of heat exposure on nutrient digestibility, rumen contraction and hormone secretion in goats. Anim Sci J 75:237-243.

Huggett, A. G. e D. A. Nixon. 1957. Determinação enzimática da glucose no sangue. Biochem. J.66:12.

Ishiguro, K, Yamaki M, Takagi S. 1982. Estudos sobre os compostos relacionados com os iridoides. I. Sobre a atividade antimicrobiana da aucubigenina e de certas agliconas iridóides. Yaku Zasshi 102:755-759.

Itoh, F., K. Hodate, S. Koyama, M. T. Rose, M. Matsumoto, A. Ozawa e Y. Obara. 2001. Effects of heat exposure on adrenergic modulation of insulin and glucagons secretion in sheep. Endocrinol J. 48:193-198.

Itoh, F., Y. Obara, M. T. Rose, H. Fuse e H. Hashimoto. 1998. Insulin and glucagons secretion in lactating cows during heat exposure (Secreção de insulina e glucagon em vacas em lactação durante a exposição ao calor). J. Anim. Sci. 76:2182-2189.

Janes, A. N., T. E. C. Weekes e D. G. Armstrong. 1985. Absorption and metabolism of glucose by the mesenteric -drained viscera of sheep fed on dried-grass or ground, maize-based diets. Br. J. Nutr. 54:449-458.

Jurisic, R., Z. Debeljak, S. Vladimir-Knezevic e J. Z. Vukovic. 2004. Determinação de aucubina e catalpol em espécies de *Plantago* por cromatografia eletrocinética micelar. Z. Naturforsch. 59:27-31.

Karma, D. N., N. Agarwal e L. C. Choudhary. 2005. Inibição da metanogénese ruminal por plantas tropicais que contêm compostos secundários. Proc. 2nd Intl. Con. on Greenhouse Gases and Animal Agriculture. Zurique, Suíça.

Katsumata, M, Matsumoto M, Kawakami S, Kaji Y. Effect of heat exposure on uncoupling protein-3 mRNA abundance in porcine skeletal muscle. J Anim Sci 82:3493-3499.

Kawamura, T., Y. Hisata, K. Okuda, S. Hoshino, Y. Noro, T. Tanaka, A. Kodama e S.

Nishibe. 1998. Estudos farmacognósticos de plantaginis herba (13) constituintes de sementes de *Plantago* spp. e sementes comerciais de Plantago. Natl. Med. 52:5-9.

Kita, K., T. Muramatsu, I. Tasaki e J. Okumura. 1989. Influence of dietary non-protein energy intake on whole-body protein turnover in chicks. Br. J. Nutr. 61:235-244.

Kitagawa, S., H. Tsukamoto, S. Hisada e S. Nishibe. 1984. Estudos sobre a matéria-prima chinesa droga "Forsythiae Fructus", VII. Um novo cafeoilglicosídeo de *Forsythia viridissima*. Chemic. Pharmacol. Bull. 32:1209-1213.

Krishnamurti, C. R. e S. M. Janssens. 1988. Determination of leucine metabolism and protein turnover in sheep, using gas-liquid chromatography-mass spectrometry. Br. J. Nutr. 59:155-164.

Kronfeld, D. S. e M. G. Simesen. 1961. Biocinética da glicose em ovinos. Am. J. Physiol. 201:639-644.

Labreveux, M., M. H. Hall e M. A. Sanderson. 2004. Productivity of Chicory and Plantain Cultivars under Grazing (Produtividade de Cultivares de Chicória e Plátano sob Pastoreio). Agron. J. 96:710-716.

Lapierre, H., J. P. Blouin, J. F. Bernier, C. K. Reynolds, P. Dubreuil e G. E. Lobley. 2002. Effect of supply of metabolizable protein on whole body and splanchnic leucine metabolism in lactating cows. J. Dairy Sci. 85: 2631-2641.

Lee, J. K., H. S. Park, J. G. Kim, B. H. Pack e J. H. Fike. 2005. Antioxidative activities of alfalfa and timothy varieties (Actividades antioxidantes de variedades de luzerna e rabo-de-gato). In: Actas do XX IGC: documentos propostos.

Wageningen Academic Publisher. pp.194.

Liang, B., X. Huang, G. Zhang, F. Zhang e Q. Zhou. 2006. Efeito do lantânio em plantas sob radiação ultravioleta-B suplementar: efeito do lantânio no conteúdo de flavonóides em plântulas de soja expostas a radiação ultravioleta-B suplementar. J Rare Earth. 24:613-616.

Lindquist, S. 1986. A resposta ao choque térmico. Annu. Rev. Biochem. 55:1151.

Liu, S. M., G. E. Lobley, N. A. Macleod, D. J. Kyle, X. B. Chen, E. R. 0rskov. 1995. Effects of long-term protein excess or deficiency on whole-body protein turnover in sheep nourished by intragastric infusion of nutrients. Br. J. Nutr. 73:829-839.

Lobley, G. E., X. Shen, G. Le, D. M. Bremner, E. Milne, A. G. Calder, S. E. Anderson e N.

Dennison. 2003. Oxidation of essential amino acids by the ovine gastrointestinal tract. Br. J. Nutr. 89:617-629.

Lombardi, A., L. Beneduce, M. Moreno, S. Diano, V. Colantuoni, M. V. Ursini, A. Lanni e F. Goglia. 2000. 3,5-Diiodo-L-tironina regula a atividade da glucose-6-fosfato desidrogenase no rato. Endocrinology. 141:1729-1734.

MacRae, J. C. e J. E. Lobley. 1982. Some factors which influence thermal energy losses during the metabolism of ruminants. Livest. Prod. Sci. 9:447-456.

Magdub, A., H. D. Johnson e R. L. Belyea. 1982. Effect of environmental heat and dietary fiber on thyroid physiology of lactating cows. J. Dairy Sci. 65:2323-2331.

Marchesan, M., D. H. Paper, S. Hose e G. Franz. 1998. Investigação da atividade anti-inflamatória de extractos líquidos de *Plantago lanceolata* L. Phytoth. Res. 12:S33-S34.

Marchini, J. S., L. Castillo, T. E. Chapman, J. A. Vogt, A. Ajami e V. R. Young. 1993. Phenylalanine conversion to tyrosine: comparative determination with L-[Ring-^{2} H5]phenylalanine and L-[1-^{13} C]phenylalanine as tracers in man. Metabolismo 42:1316-1322.

Matthews, D. E., H. P. Schwarz, R. D. Yang, K. J. Motil, V. R. Young e D. M. Bier. 1982. Relationship of plasma leucine and alpha-ketoisocaproate during a L-[1-^{13} C]leucine infusion in man: a method for measuring human intracellular leucine tracer enrichment. Metabolismo 31:1105-1112.

Melton, S. L. 1990. Effects of feeds on flavor of red meat: a review. J. Anim. Sci. 68:4421-4435

Millward, D. J., G. M. Price, P. J. H. Pacy e D. Halliday. 1991. Whole-body protein and amino acid turnover in man: what can we measure with confidence? Proc. Nutr. Soc.

50:197-216.

Murai, M., Y. Tamayama e S. Nishibe. 1995. Feniletanóides na erva de *Plantago lanceolata* e efeito inibitório no edema da orelha do rato induzido pelo ácido araquidónico. Planta Med. 61:479-480.

Marchesan, M., D. H. Paper, S. Hose e G. Franz. 1998. Investigação da atividade anti-inflamatória de extractos líquidos de *Plantago lanceolata* L. Phytothe. Res. 12:S33-S34.

Muramoto, T., M. Higashiyama e T. Kondo. 2004. Efeitos do acabamento em pastagem na qualidade da carne de novilhos Shorthorn japoneses. Asian-Aust. J. Anim. Sci. 18: 420-426.

Murphy, T. A., S. C. Loerch, K. E. McClure e M. B. Solomon. 1994. Effects of grain or pasture finishing systems on carcass composition and tissue accretion rates of lambs. J. Anim. Sci. 72:3138-3144

Conselho Nacional de Investigação. 1985. Nutrient requirement of sheep. 6th edn. National Academy Press. Washington, DC.

Nishibe, S. e M. Murai. 1995. Componentes bioactivos da erva de Plantago. Foods and Food Ingr. J. 166:43-49.

Noda, Y., K. Anzai, A. Mori, M. Kohno, M. Shinmei e L. Packer. 1997. Actividades de eliminação de radicais hidroxilo e anião superóxido de antioxidantes de origem natural utilizando o sistema de espetrómetro computorizado JES-FR30 ESR. Biochem. Mol. Biol. Int. 42:35-44

Noro, Y., Y. Hisata, K. Okuda, T. Kawamura, Y. Kasahara, T. Tanaka, E. Sakai, S. Nishibe e M. Sasahara. 1991. Estudos farmacognósticos de plantaginis herba (VII) sobre o conteúdo de feniletanóides de *Plantago* spp. Shoyaku. Z. 45:24-28.

Olbrich, S. E., F. A. Martz, H. D. Johnson, S. W. Phillips, A. C. Lippincott e E. S.

Hilderbrand. 1972. Effect of constant ambient temperatures of 10° C and 31° C on ruminal responses of cold tolerant and heat tolerant cattle. J. Anim. Sci. 34:64-69.

Ortigues-Marty, I., J. Vernet e L. Majdoub. 2003. Whole body glucose turnover in growing and non-productive adult ruminants: meta-analysis and review. Reprod. Nutr. Dev. 43:371-383.

O'Sullivan, A., K. Galvin, A. P. Moloney, D. J. Troy, K. O'Sullivan e J. P. Kerry. 2003. Effect of pre-slaughter ration of forages and or concentrates on the composition and quality of retail packaged beef. Meat Science. 63: 279-286.

Pacy, P. J., G. M. Price, D. Halliday, M. R. Quevedo e D. J. Millward. 1994. Nitrogen homeostasis in man: the diurnal responses of protein synthesis and degradation and amino acid oxidation to diets with increasing protein intakes. Clin. Sci. 86:103-118.

Padilla, L., T. Matsui, Y. Kamiya, M. Tanaka e H. Yano. 2006. O stress térmico diminui a concentração plasmática de vitamina C em vacas em lactação. Livest. Sci. 101:300-304.

Pannemans, D. L. E., A. J. M. Wagenmakers, K. R. Westerterp, G. Schaafsma e D.

Halliday. 1997. The effect of an increase of protein intake on whole-body protein turnover in elderly women is tracer dependent. J. Nutr. 127:1788-1794.

Poulet, J. L., D. Fraisse, D. Viala, A. Carnat, P. Pradel, B. Martin, J. L. Lamaison e J. M.

Besle. 2002. Flavonóides em forragens: composição e possíveis efeitos na qualidade do leite. Grassland Sci. Eur. 7: 590-591.

Pouteau, E., H. Piloquet, P. Maugeais, M. Champ, H. Dumon, P. Nguyen e M. Krempf. 1996. Aspectos cinéticos do metabolismo do acetato em humanos saudáveis utilizando [1-^{13} C]acetato. Am. J. Physiol. 271:E58-E64.

Prache, S. e M. Theriez. 1999. Traceability of lamb production systems: carotenoids in plasma and adipose tissue. Anim Sci. 69:29-36

Realini, C.E., S. K. Duckett, G. W. Brito, R. M. Dalla e D. De Mattos. 2004. Efeito da alimentação a pasto vs. concentrado com ou sem antioxidantes nas características de carcaça, composição de ácidos graxos e qualidade da carne bovina uruguaia. Meat Sci. 66:567-577

Reeds, P. J., M. F. Fuller, A. Cadenhead e G. E. Lobley. 1981. Effects of changes in the intakes of protein and non-protein energy on whole-body protein turnover in growing pigs. Br. J. Nutr. 45:539-546.

Rocchiccioli, F., J. P. Leroux e P. Cartier. 1981. Quantificação de 2-cetoácidos em fluidos biológicos por espetrometria de massa de ionização química por cromatografia gasosa de derivados de *o-trimetilsilil-quinoxalinol*. Biomed. Mass Spectrom. 8:160-164.

Rousset-Akrim, S., O. A. Young e J. L. Berdagué. 1997. Diet and growth effects in panel assessment of sheepmeat odour and flavour. Meat Sci. 45:169-181.

Rumball, W., R. G. Keogh, G. E. Lane, J. E. Miller e R. B. Claydon. 1997. *Plantago lanceolata (Plantago lanceolata* L.). NZ. J. Agric. Res. 40:373-377.

Samuelsen, A. B. 2000. As utilizações tradicionais, os constituintes químicos e as actividades biológicas de *Plantago* major. Uma revisão. J. Ethnopharmacol. 71:1-21.

Sano, H., A. Takebayashi, Y. Kodama, K. Nakamura, H. Ito, Y. Arino, T. Fujita, H. Takahashi e K. Ambo. 1999. Effects of feed restriction and cold exposure on glucose metabolism in response to feeding and insulin in sheep. 77:2564-2573.

Sano, H., H. Sawada, A. Takenami, S. Oda e M. Al-Mamun. 2006. Effects of dietary energy intake and cold exposure on kinetics of plasma glucose metabolism in sheep. J. Anim. Physiol. a. Anim. Nutr. 91:1-5.

Sano, H., K. Takahashi, K. Ambo e T. Tsuda. 1983. Turnover and oxidation rates of blood glucose and heat production in sheep exposed to heat. J. Dairy Sci. 66:856-861.

Sano, H., K. Takahashi, M. Fujita, K. Ambo e T. Tsuda. 1979. Effect of environmental heat exposure on physiological responses, blood constituents and parameters of blood glucose metabolism in sheep. Tohoku J. Agril. Res. 30:76-86.

Sano, H., M. Kajita e T. Fujita. 2004. Effect of dietary protein intake on plasma leucine flux, protein synthesis, and degradation in sheep. Comp. Biochem. Physiol. B 139:163-168.

Sano, H., S. Konno e A. Shiga. 2000. Effects of supplemental chromium and heat exposure on glucose metabolism and insulin action in sheep. J. Agric. Sci. 134:319-325.

Sano, H., T. Fujita. 2006. Efeito do propionato de cálcio suplementar na ação da insulina no metabolismo da glicose no sangue em ovinos adultos. 46:9-18.

Sano, H., T. Fujita, M. Murakami e A. Shiga. 1996. Efeito estimulante da epinefrina na produção de glicose e taxas de utilização em ovelhas usando um isótopo estável. Domest. Anim. Endocrinol. 13:445-451.

Sano, H., Y. Tamura e A Shiga. 2002. Metabolismo e cinética da glicose em ovelhas alimentadas com banana-da-terra e erva de pomar e expostas ao calor. N. Z. J. Agric. Res. 45:171-177.

Sano, H., Y. Tamura e A. Shiga. 2003. Tissue responsiveness and sensitivity to insulin in sheep fed plantain and orchardgrass and exposed to cold. NZ. J. Agric. Res. 46:169-173.

SAS. 1996. Software SAS/STAT®: Changes and Enhancements through Release 6.11. SAS Inst. Inc. Cary, NC.

SAS. 1994. Guia do Utilizador do SAS (4ª ed.), Versão 6, SAS Inst. Inc., Cary, NC. Cary, NC.

Sasaki, Y., S. Oshiro, M. Miura, T. Tsuda. 1973. Effect of heat exposure on urinary excretion of noradrenaline and adrenaline in sheep (Efeito da exposição ao calor na excreção urinária de noradrenalina e adrenalina em ovinos). J. J. Zootech. Sci. 44:248-257.

Saunders, J., S. E. H. Hall e P. H. Sonksen. 1978. Thyroid hormones in insulin requiring diabetes before and after treatment. Diabetologia 15:29-32.

Savary-Auzeloux, I., S. O. Hoskin e G. E. Lobley. 2003. Effect of intake on whole body plasma amino acid kinetics in sheep. Reprod. Nutr. Dev. 43:117-129.

Schmidt, S. P. e R. K. Keith. 1983. Effects of diet and energy intake on kinetics of glucose metabolism in steers. J. Nutr. 113:2155-2163.

Schroeder, G. F., E. C. Titgemeyer, M. S. Awawdeh, J. S. Smith e D. P. Gnad. 2006. Efeitos do nível de energia na utilização da metionina por novilhos em crescimento. J. Anim. Sci. 84:1497-1504.

Scollan, N. D., R. J. Dewhurst, A. P. Mononey e J. J. Murphy. 2005. Improving the quality of products from grassland, Grassland: a global resource. In: Actas do XX IGC. Documentos convidados. Wageningen Academic Publisher. pp. 41-56.

Skutches, C. L., C. P. Holroyde, R. N. Myers, P. Paul e G. A. Reichard. 1979. Plasma acetate turnover and oxidation. J. Clin. Investig. 64:708-713.

Susini, C., M. Lavau e J. Herzog. 1979. Reatividade da adrenalina ao metabolismo da glicose no tecido adiposo resistente à insulina de ratos alimentados com uma dieta rica em gordura. Biochem. J. 180:431-433.

Stewart, A. V. 1996. Plátano (*Plantago lanceolata*)-uma potencial espécie de pastagem. Proc. NZ. Grassl. Asso. 58:77-86.

Tamura, Y. 2002. Alterações ambientais e variação genética da acumulação de compostos bioactivos no plátano (*Plantago lanceolata* L.). Bull. Centro Nacional de Investigação Agrícola. Res. Cent. Tohoku Reg. 100:75-92 (em japonês).

Tamura, Y. e S. Nishibe. 2002. Alterações nas concentrações de compostos bioactivos

em folhas de bananeira. J Agric Food Chem. 50:2514-2518.

Tamura, Y. e T. Masumizu. Avaliação das actividades de eliminação do radical anião superóxido de plátanos e pastagens por ressonância de spin de electrões (ESR). 2005. Proc. XX Intl. Grassl. Cong. pp 275.

Temim, S., A. M. Chagneau, R. Peresson e S. Tesseraud. 2000. Chronic heat exposure alters protein turnover of three different skeletal muscles in finishing broiler chickens fed 20 or 25% protein diets. J. Nutr. 130:813-819.

Thompson, G. N., P. J. Pacy, H. Merritt, G. C. Ford, M. A. Read, K. N. Cheng e D.

Halliday. 1989. Medição rápida do turnover proteico do corpo inteiro e do antebraço utilizando um modelo de [^{2}H5]fenilalanina. Am. J. Physiol. 256:E631-E639.

Tserng, K.-Y. e S. C. Kalhan. 1983. Cálculo da taxa de rotação do substrato em estudos de traçadores de isótopos estáveis. Am. J. Physiol. 245:E308-E311.

Vince, G. J. e A. R. Deborah. 1990. Síntese de proteínas de stress térmico em linfócitos de gado. J. Anim. Sci. 68:2779-2783.

Wang, P., J. Kang, R. Zheng, Z. Yang, J. Lu., J. Gao e Z. Jia. 1996. Efeitos de eliminação de glicosídeos fenilpropanóides de pedicularis no ânion superóxido e no radical hidroxila pelo método de captura de spin (95) 02255-4. Biochem. Pharmacol. 51:687-691.

Weatherburn, M. W. 1967. Reação fenol-hipocloreto para determinação de amoníaco. Anal. Chem. 39: 971-974.

Weekes, T. E. C. 1979. Metabolismo dos hidratos de carbono. In: Digestive physiology and nutrition of ruminants. (Ed. D. C. Church). Corvallis O and B Books Inc. pp. 187-209.

Wegener, H. C., F. M. Aarestrup, L. B. Jensen, A. M. Hammerun e F. Bager. 1999. Utilização de promotores de crescimento antimicrobianos em animais de alimentação e resistência de *Enterococcus faecium* a medicamentos antimicrobianos terapêuticos em Eorope. Emerg. Infec. Dise. 5:329-335.

Whittaker, P. G., C. H. Lee, B. G. Cooper e R. Taylor. 1999. Evaluation of phenylalanine and tyrosine metabolism in late human pregnancy (Avaliação do metabolismo da fenilalanina e da tirosina no final da gravidez humana). Metabolismo 48:849-852.

Wickens, A. P. 2001. O envelhecimento e a teoria dos radicais livres. Respir. Physiol. 128:379-391.

Wolfe, R. R. 1984. Traçadores na investigação metabólica. Radioisótopo e isótopo estável/massa

métodos de espetrometria. Alan, R. Liss, Inc., Nova Iorque.

Yang, A., M. C. Lnari, M. Brewster, R. K. Tume. 2002. Lipid stability and meat colour of beef from pastrure- and grain-fed cattle with or without vitamin E supplement. Meat Sci. 6: 41-50.

Yoshida, M. Alterações fisiológicas das plantas face às intensidades de radiação ultravioleta numa zona montanhosa. Tese de mestrado, Universidade de Shinshu, Japão; 1991. (em japonês).

Young, B. A., B. Kerrigan e R. J. Christopherson. 1975. Um analisador de padrões respiratórios versátil para estudos do metabolismo energético do gado. Can. J. Anim. Sci. 55:17-22.

Yun, Y. S., Y. Nakajima, E. Iseda e A. Kunugi. 2003. Determinação da atividade antioxidante de ervas por ESR. J. Food Hyg. Soc. Japan. 44: 59-62.

Zello, G. A., L. Marai, A. S. F. Tung, R. O. Ball e P. B. Pencharz. 1994. Plasma and urine enrichments following infusion of L-[1-^{13} C]phenylalanine and -[ring-^{2} H5]phenylalanine in humans: evidence for an isotope effects in renal tubular reabsorption. Metabolismo 43:487-491.

Zhou, Y. C. e R. L. Zheng. 1991. Compostos fenólicos e um análogo como eliminadores de aniões superóxido e antioxidantes. Biochem. Pharmacol. 42:1177-1179.

Buy your books fast and straightforward online - at one of world's fastest growing online book stores! Environmentally sound due to Print-on-Demand technologies.

Buy your books online at
www.morebooks.shop

Compre os seus livros mais rápido e diretamente na internet, em uma das livrarias on-line com o maior crescimento no mundo! Produção que protege o meio ambiente através das tecnologias de impressão sob demanda.

Compre os seus livros on-line em
www.morebooks.shop

Printed by Books on Demand GmbH, Norderstedt / Germany